高等院校职业技能实训规划教材

CorelDRAW X7
图形设计与
制作案例技能实训教程

崔雅博　周晓姝　周　民　编著

清华大学出版社

北　京

内容简介

本书以实操案例为单元，以知识详解为陪衬，全面细致地对平面作品的创作方法和设计技巧进行了介绍。全书共 10 章，实操案例包括贵宾卡的设计与制作、卡通插画的设计与制作、CD 封套与光盘的设计与制作、宠物网页广告的设计与制作、艺术报纸的设计与制作、房地产户外广告的设计与制作、公司标志的设计与制作、企业招聘宣传页的设计与制作、杂志封面的设计与制作、包装的设计与制作等。理论知识涉及 CorelDRAW X7 基础操作、图像的绘制、颜色的填充、对象的编辑、文本的应用、应用特效、位图图像操作、滤镜特效的应用、打印与输出等内容，每章最后还安排了项目练习，以供读者练手。

全书结构合理，用语通俗，图文并茂，易教易学，既适合作为高职高专院校和应用型本科院校计算机、多媒体及平面设计相关专业的教材，又适合作为广大平面设计爱好者和各类技术人员的参考用书。

图书在版编目(CIP)数据

CorelDRAW X7图形设计与制作案例技能实训教程 / 崔雅博，周晓姝，周民编著. —北京：清华大学出版社，2018（2019.7 重印）

（高等院校职业技能实训规划教材）

ISBN 978-7-302-51015-4

Ⅰ.①C… Ⅱ.①崔… ②周… ③周… Ⅲ.①图形软件—高等学校—教材 Ⅳ.①TP391.41

中国版本图书馆CIP数据核字（2018）第192116号

责任编辑：陈冬梅
封面设计：杨玉兰
责任校对：王明明
责任印制：刘祎淼

出版发行：清华大学出版社

网　　址：http://www.tup.com.cn，http://www.wqbook.com
地　　址：北京清华大学学研大厦A座　　　　　邮　编：100084
社 总 机：010-62770175　　　　　　　　　　邮　购：010-62786544
投稿与读者服务：010-62776969，c-service@tup.tsinghua.edu.cn
质量反馈：010-62772015，zhiliang@tup.tsinghua.edu.cn

印 装 者：北京博海升彩色印刷有限公司
经　　销：全国新华书店
开　　本：185mm×260mm　　印　张：17　　字　数：405千字
版　　次：2018年10月第1版　　印　次：2019年7月第2次印刷
定　　价：69.00 元

产品编号：080330-01

FOREWORD
前 言

  CorelDRAW 软件是 Corel 公司出品的矢量图形制作工具软件，该软件给设计师提供了矢量动画、页面设计、网站制作、位图编辑和网页动画等多种功能。该图像软件是一套屡获殊荣的图形、图像编辑软件，它包含两个绘图应用程序：一个用于矢量图及页面设计，一个用于图像编辑。因此受到了广大平面设计人员与电脑美术设计爱好者的青睐。为了满足新形势下的教育需求，我们组织了一批富有经验的设计师和高校教师，共同策划编写了本书，以让读者能够更好地掌握作品的设计技能，更好地提升动手能力，更好地与社会相关行业接轨。

  本书以实操案例为单元，以知识详解为陪衬，对各类型平面作品的设计方法、操作技巧、理论知识等内容进行了介绍，全书分为10章，其主要内容如下：

章节	作品名称	知识体系
第 01 章	制作卡片	CorelDRAW 的基本操作、设置页面属性、文件的导入和导出等
第 02 章	制作卡通插画	图形的绘制，其中包括绘制直线和曲线、绘制几何图形等
第 03 章	制作 CD 封套与光盘	颜色的填充，其中包括填充对象颜色、精确设置填充颜色等
第 04 章	制作网页广告	对象的编辑，其中包括图形对象的基本操作、对象的变换等
第 05 章	制作报纸版面	文本文字的输入、文本文字的编辑、文本的查找和替换、链接文本等
第 06 章	制作户外广告	特效的应用，其中包括认识交互式特效工具及其他效果的应用
第 07 章	制作企业标志	位图的导入和转换、位图的编辑、快速调整位图、位图的色彩调整等
第 08 章	制作宣传页	认识滤镜、精彩的三维滤镜、其他滤镜组等
第 09 章	制作杂志封面	常规打印选项设置、打印预览设置、图像优化、发布至 PDF 等
第 10 章	综合案例	充分利用前面所学知识与操作技巧，设计制作一套奶茶的包装

本书结构合理、讲解细致，特色鲜明，内容着眼于专业性和实用性，符合认知规律，也更侧重于综合职业能力与职业素养的培养，集"教、学、练"为一体。

本书由崔雅博、周晓姝、周民编写。参与本书编写的人员有权庆乐（河南牧业经济学院）、许亚平、李玉姣、伏银恋、晁世傲、胡文华、张婷、杨继光、孟双、岳喜龙、冯丽哲、苏超等。这些老师在长期的工作中积累了大量的经验，在写作的过程中始终坚持严谨细致的态度、力求精益求精。由于时间有限，书中疏漏之处在所难免，希望读者朋友批评指正。感谢河南牧业经济学院信息工程学院教务处对本书的出版给予大力支持与帮助！

需要获取教学课件、视频、素材的读者可以发送邮件到：619831182@QQ.com 或添加微信公众号：DSSF007，留言申请，制作者会在第一时间将其发至您的邮箱。

编　者

CONTENTS
目 录

CHAPTER / 03

制作 CD 封套与光盘——颜色的填充详解

CHAPTER / 04

制作网页广告——对象的编辑详解

CHAPTER / 05

制作报纸版面——文本详解

CONTENTS

CONTENTS

CHAPTER 01
制作卡片
——CorelDRAW X7入门详解

本章概述 OVERVIEW

本章从最基础的知识讲起，首先了解CorelDRAW X7的应用领域及新增功能，接下来熟悉CorelDRAW X7的工作界面以及文件的基本操作，这样从最基本的操作入手，可以为后期的深入学习奠定良好的基础。

■ 要点难点
CorelDRAW X7的应用领域 ★☆☆
CorelDRAW X7的新增加功能 ★★★
CorelDRAW X7的基础操作 ★★☆
CorelDRAW X7的工作界面 ★★☆

贵宾卡的设计与制作

辅助线的设置

跟我学 LEARN
WITH ME

■ 贵宾卡的设计与制作

作品描述：贵宾卡主要应用于超市、餐饮、酒店等服务领域，且贵宾卡是公司进行广告宣传的理想载体。下面将对制作贵宾卡的过程展开详细介绍。

实现过程

1. 制作贵宾卡正面

　　下面介绍贵宾卡正面的制作，主要包括整体色调的把握，图形、图案的制作，文字的简单插入。

STEP 01　打开 CorelDRAW 软件，执行"文件"|"新建"命令，在打开的"创建新文档"对话框中设置参数，新建文档，如图 1-1 所示。

STEP 02　双击工具箱中的矩形工具，绘制和文档相同大小的矩形框架，如图 1-2 所示。

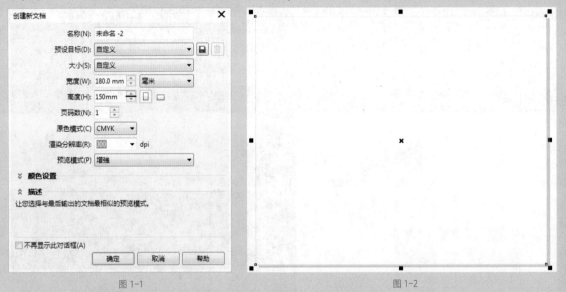

图 1-1　　　　　　　　　　　　　　　　图 1-2

STEP 03　选择工具箱中的交互式填充工具，在属性栏中设置填充类型为渐变填充，单击"编辑填充"按钮，在打开的"编辑填充"对话框中设置参数，如图 1-3 所示。

STEP 04　单击"确定"按钮填充渐变，单击鼠标右键，执行"锁定对象"命令，将其作为背景图层锁定，效果如图 1-4 所示。

STEP 05 选择工具箱中的矩形工具，在绘图区绘制尺寸为 94mm×58mm 的矩形，效果如图 1-5 所示。

图 1-3

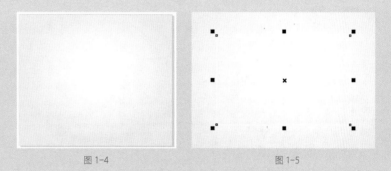

图 1-4　　　　　　　　　　　　　　图 1-5

STEP 06 在矩形工具属性栏中设置转角样式为圆角，转角半径为 4mm，效果如图 1-6 所示。

图 1-6

STEP 07 选择交互式填充工具，在属性栏中选择渐变填充，单击"编辑"按钮，或按 F11 快捷键，在打开的"编辑填充"对话框中设置参数，如图 1-7 所示。

STEP 08 单击"确定"按钮，应用均匀填充，在调色板中，在"无"色块上单击鼠标右键，去除轮廓线，效果如图 1-8 所示。

STEP 09 执行"文件"|"导入"命令，导入素材文件夹中"底纹.png"图像，如图 1-9 所示。

STEP 10 选中"底纹"对象的同时单击鼠标右键，执行"顺序"|"向后一层"命令，效果如图 1-10 所示。

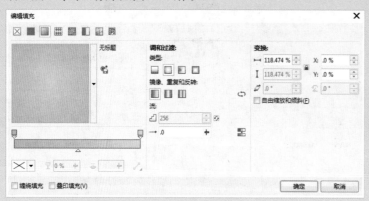

图 1-7

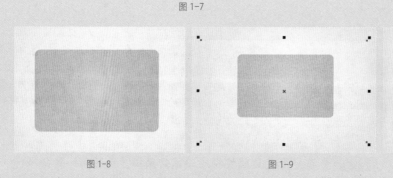

图 1-8　　　　　　　图 1-9　　　　　　　图 1-10

STEP 11 选中"底纹"对象的同时单击鼠标右键，在打开的快捷菜单中执行"PowerClip 内部"命令，如图 1-11 所示。

STEP 12 当光标变为黑色箭头形状时，单击上方圆角矩形，置入底纹纹样，效果如图 1-12 所示。

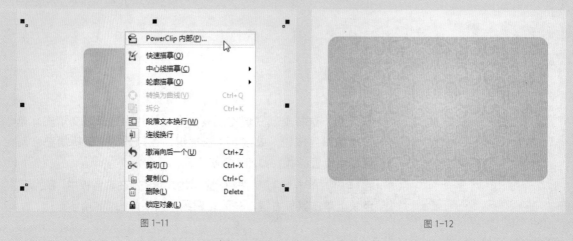

图 1-11　　　　　　　图 1-12

STEP 13 选择工具箱中的矩形工具，绘制一个尺寸为 85.5mm×54mm 的矩形，如图 1-13 所示。

STEP 14 在调色板中，右击黑色色块，设置矩形轮廓颜色为黑色，并单击"无"色块，去除填充色，效果如图 1-14 所示。

图 1-13

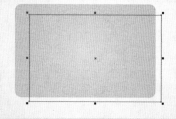

图 1-14

STEP 15 在矩形工具属性栏中设置转角样式为圆角，并设置转角半径为 2mm，按 Enter 键即可应用样式，如图 1-15 所示。

STEP 16 按 Shift 键，选中下方圆角矩形，执行"窗口"|"泊坞窗"|"对齐与分布"命令，如图 1-16 所示。

图 1-15

图 1-16

STEP 17 在"对齐与分布"调板中，将其水平居中对齐与垂直居中对齐，效果如图 1-17 所示。

STEP 18 使用文本工具在贵宾卡右上角输入编号，设置字体为汉仪粗宋简，字号为 10pt，字体颜色为白色，效果如图 1-18 所示。

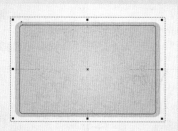

图 1-17

图 1-18

STEP 19 选择工具箱中的钢笔工具，在贵宾卡左下角绘制 VIP 字样的路径，效果如图 1-19 所示。

STEP 20 设置填充色为黑色，执行"文件"|"导入"命令，导入素材文件夹中的"钻石 .png"，调整其大小与位置，效果如图 1-20 所示。

图 1-19   图 1-20

STEP 21 选择工具箱中的文本工具，在右下角输入贵宾卡类型，字体为方正姚体简体，字号为 14pt，字体颜色为黑色，效果如图 1-21 所示。

STEP 22 执行"窗口"|"泊坞窗"|"对象属性"命令，在打开的"对象属性"调板中选择段落样式，设置参数，效果如图 1-22 所示。

图 1-21   图 1-22

STEP 23 继续使用文本工具输入贵宾卡文本内容，设置字体为方正姚体简体，字号为 8pt，字体颜色为黑色，效果如图 1-23 所示。

STEP 24 执行"文件"|"导入"命令，导入素材文件夹中的"图案 .png"，调整大小与位置，效果如图 1-24 所示。

STEP 25 选择工具箱中的钢笔工具，沿下方图形绘制路径，为方便读者查看，此处使用黑色轮廓线显示，如图 1-25 所示。

图 1-23   图 1-24   图 1-25

操作技能

　　使用钢笔工具绘制路径时单击鼠标创建锚点，在创建下一个锚点时，按住鼠标左键不放并拖动鼠标，即可创建曲线，创建锚点错误时，按 Ctrl+Z 组合键撤回即可。

STEP 26 按 F11 键，打开"编辑填充"对话框，设置填充参数，如图 1-26 所示。

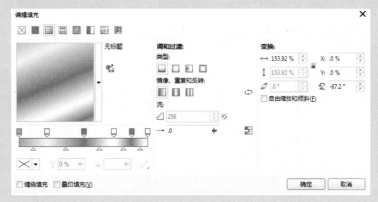

图 1-26

STEP 27 单击"确定"按钮，填充渐变颜色，效果如图 1-27 所示。

STEP 28 单击鼠标右键，执行"顺序"|"向后一层"命令，或按 Ctrl+PageUp 组合键，使其往后移动一层，效果如图 1-28 所示。

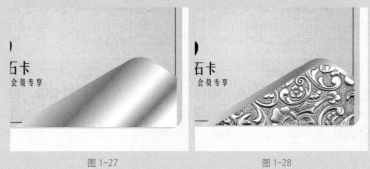

图 1-27　　　　　　　　　　　　　　图 1-28

STEP 29 选择工具箱中的钢笔工具在其上方绘制闭合路径，为方便读者查看，此处使用黑色轮廓线显示，效果如图 1-29 所示。

图 1-29

STEP 30 按 F11 键，打开"编辑填充"对话框设置渐变参数，如图 1-30 所示。

STEP 31 单击"确定"按钮，填充渐变颜色，效果如图 1-31 所示。

STEP 32 单击鼠标右键，执行"顺序"|"向后一层"命令，或按 Ctrl+PageUp 组合键，使其往后移动一层，效果如图 1-32 所示。

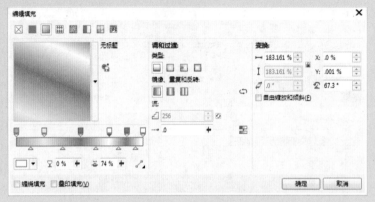

图 1-30

图 1-31

图 1-32

STEP 33 选中下方圆角矩形框，按 Ctrl+C、Ctrl+V 组合键，将其原位复制与粘贴，并右击调色板中的"无"色块，取消轮廓线，使用选择工具绘制选择区域，选中贵宾卡右下角的 3 个图形，如图 1-33 所示。

STEP 34 单击鼠标右键，执行"组合对象"命令，或按 Ctrl+G 组合键，将其编组，效果如图 1-34 所示。

图 1-33

图 1-34

STEP 35 使用选择工具选中编组图形，执行"对象"|"图框精确剪裁"|"置于图文框内部"命令，如图 1-35 所示。

图 1-35

STEP 36 当光标变为黑色箭头时，将其移动至下方与圆角矩形黑色边框处，效果如图 1-36 所示。

STEP 37 单击下方与圆角矩形黑色边框，将编组图形置入圆角矩形内部，效果如图 1-37 所示。

图 1-36   图 1-37

STEP 38 使用椭圆形工具，在空白处按住 Ctrl 键绘制一个正圆，设置填充色为白色，轮廓线为无，效果如图 1-38 所示。

STEP 39 选中工具箱中的透明度工具，在其属性栏中设置样式为"渐变透明度"，设置渐变类型为"椭圆形渐变"，效果如图 1-39 所示。

STEP 40 调整大小并将其移动至金属高光处，完成后选中所有贵宾卡正面图形及文字，按 Ctrl+G 快捷键将其编组，最终完成效果如图 1-40 所示。

图 1-38

图 1-39

图 1-40

2. 制作贵宾卡反面

下面介绍贵宾卡反面的制作，使用复制、粘贴的方法快速制作其反面，从而提高效率，信息内容主要使用文本工具。

STEP 01 选中贵宾卡正面，单击鼠标右键并将其拖动至下方，弹出提示框，选择"复制"命令，效果如图 1-41 所示。复制完成，效果如图 1-42 所示。

图 1-41

图 1-42

STEP 02 单击鼠标右键，执行"取消组合对象"命令，或按 Ctrl+Z 组合键，将复制的贵宾卡正面取消编组，效果如图 1-43 所示。

STEP 03 选中不需要的图形与文字，按 Delete 键删除，只留下一个圆角矩形，效果如图 1-44 所示。

STEP 04 选中圆角矩形框，在调色板中右击"白色"色块，将轮廓线转换为白色，效果如图 1-45 所示。

STEP 05 选择工具箱中的矩形工具，绘制一个尺寸为 85.5mm×9mm 的矩形，选中不需要的图形与文字，按 Delete 键删除，只留下两个圆角矩形，效果如图 1-46 所示。

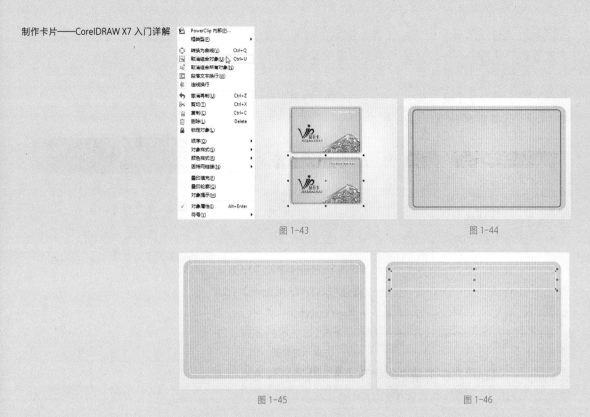

图 1-43 图 1-44

图 1-45 图 1-46

STEP 06 去除其轮廓色，按 F11 键打开"编辑填充"对话框，设置渐变参数，并将灰度色块旋转 40°，如图 1-47 所示。

图 1-47

STEP 07 单击"确定"按钮，填充渐变颜色，使其作为刷卡磁条，效果如图 1-48 所示。

STEP 08 选择工具箱中的文本工具，在黑色磁条下方输入"持卡人签名"及英文内容，设置字体为汉仪中黑简，字号为8pt，字体颜色为白色，效果如图1-49所示。

STEP 09 使用文本工具，选中下方英文内容，在属性栏中设置字体为5pt，效果如图1-50所示。

图1-48 图1-49 图1-50

STEP 10 选择工具箱中的矩形工具，在其右侧绘制一个尺寸为30mm×5mm的白色矩形，设置其轮廓线为黑色，效果如图1-51所示。

STEP 11 继续使用文字工具添加贵宾卡信息内容，注意字体及字体颜色的设置，将其反面图形进行编组，效果如图1-52所示。

图1-51 图1-52

3. 制作整体效果

下面介绍整体效果的制作，调整大小及旋转角度、位置，搭配使用工具箱中的阴影工具，使画面效果更加饱满。

STEP 01 使用选择工具调整其上下位置，效果如图1-53所示。

STEP 02 选中上方组，将光标移动至右上角处，单击并拖动鼠标进行等比例缩放，效果如图1-54所示。

STEP 03 在属性栏中设置其旋转角度为38°，并调整相互之间的位置，效果如图1-55所示。

STEP 04 选择工具箱中的阴影工具，从中心位置单击并拖动鼠标绘制阴影位置，效果如图1-56所示。

图 1-53

图 1-54

图 1-55

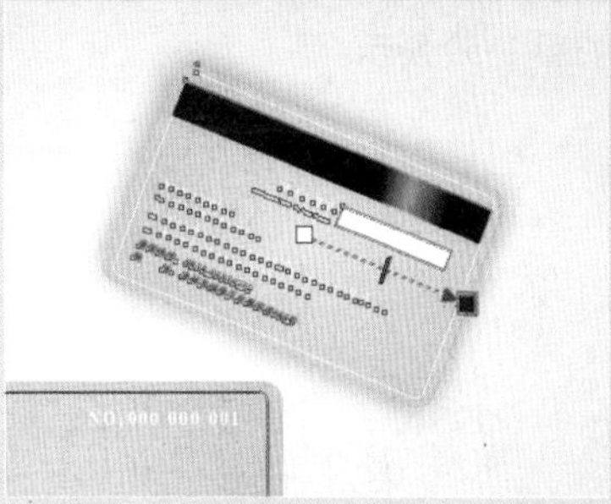

图 1-56

STEP 05 在阴影工具属性栏中设置阴影不透明度为 16，效果如图 1-57 所示。

STEP 06 使用同样的方法设置下方组的投影，执行"文件"|"保存"命令，将其保存为"CDR-CorelDRAW"格式，最终完成效果如图 1-58 所示。

图 1-57

图 1-58

听我讲 LISTEN TO ME

1.1 CorelDRAW X7 概述

CorelDRAW GraphicsSuite 是加拿大 Corel 公司的平面设计软件。该软件是 Corel 公司出品的矢量图形制作工具软件，该软件为设计师提供了矢量动画、页面设计、网站制作、位图编辑和网页动画等多种功能，如图 1-59 所示。

图 1-59

该软件是一套屡获殊荣的图形、图像编辑软件，它包含两个绘图应用程序：一个用于矢量图及页面设计，一个用于图像编辑。该软件组合给用户提供了强大的交互式工具，使用户可创作出多种富于动感的特殊效果及点阵图像即时效果。CorelDraw 的全方位设计及网页功能可以融入现有的设计方案中，灵活性十足。

该软件套装更为专业设计师及绘图爱好者提供了简报、彩页、手册、产品包装、标识、网页及其他；该软件提供的智慧型绘图工具以及新的动态向导可以充分降低用户的操控难度，让用户更容易精确地创建物体的尺寸和位置，减少操作步骤，节省设计时间。

经过多年的发展，其版本已更新至 CorelDRAW X7，该版本更是以简洁的界面、稳定的功能获得了千万用户的青睐。

■ 1.1.1 CorelDRAW X7 的应用领域

CorelDRAW X7 是 Corel 公司出品的矢量图形制作工具软件，该工具给设计师提供了标志设计、插画设计，广告设计、包装设计、书籍装帧设计等多种功能。下面将对常见的应用进行介绍。

1. 标识设计

标识设计是 VI 视觉识别系统设计中的一个关键点。标识是抽象的视觉符号，企业标识则是一个企业文化特质的图像表现，具有象征性，如图 1-60、图 1-61 所示，两幅标识图像分别展示了严谨、唯美的企业文化，通过简洁的标识传递出不同的信息。

图 1-60 图 1-61

2．插画设计

插画和绘画是在设计中经常使用到的一种表现形式。这种结合电脑的绘图方式很好地将创意和图像进行结合，带来了更为震撼的视觉效果。如图 1-62、图 1-63 所示，两幅插画设计作品展示了时下流行的新型插画风格，以鲜明的颜色、复杂的图像进行堆积，形成饱和的画面视觉效果。

图 1-62 图 1-63

3．广告设计

广告的作用是通过各种媒介使更多的广告目标受众知晓产品、品牌、企业等相关信息，虽然表现手法多样，但其最终目的相同。如图 1-64、图 1-65 所示，两幅广告分别为眼镜广告、创意冰箱广告。不难看出，这些广告都利用 CorelDRAW 进行了部分图像的绘制和相应的处理，呈现出和谐的矢量图像效果，具有艺术美感。

图 1-64 图 1-65

4．包装设计

包装设计是针对产品进行市场推广的重要组成部分。包装是建立产品与消费者联系的关键点，是消费者接触产品的第一印象，成功的包装设计在很大程度上能促进产品的销售。如图 1-66、图 1-67 所示，两幅图像分别为纸盒材质以及玻璃材质的包装，其效果图就是运用 CorelDRAW 强大的绘图功能进行绘制的。

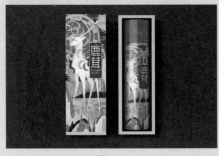

图 1-66　　　　　　　　　　　　　　　图 1-67

5．书籍装帧设计

书籍装帧设计与包装设计有相似之处，书籍的封面越是精美，就越能抓住观者的目光。书籍的封面设计是装帧设计的一部分，书籍中的版式设计则可以帮助读者轻松地进行文字阅读，组织出合理的视觉逻辑，如图 1-68、图 1-69 所示。

图 1-68　　　　　　　　　　　　　　　图 1-69

■ 1.1.2　CorelDRAW X7 新功能介绍

CorelDRAW X7 在以前的版本上新增了许多功能，包括工具、颜色管理和 Web 图形等。下面将介绍 CorelDRAW X7 版本中一些重要的新功能和新特性。

1．工具方面

增加了"溢出"按钮，如图 1-70 所示。对于平板电脑和移动设备用户，已向工具箱、属性栏、泊坞窗和调色板中添加了新的溢出按钮，以指示是否存在工作区中放不下的其他控件，此按钮可极大扩大用户的操作空间与提高用户的工作效率。

图 1-70

2．欢迎屏幕

对欢迎屏幕的重新设计，使得浏览和查找大量可用资源变得更加容易，其中还包括"工作区"选项卡，使用该选项卡是专为不同熟练程度的用户和特定任务而设计的各种工作区中进行选择，如图 1-71、图 1-72 所示。

图 1-71 图 1-72

3．及时自定义

工具箱、泊坞窗和各种属性栏包含便捷的新增"快速自定义"按钮，可帮助定制合适的工作流界面，如图 1-73 所示。

4．字体嵌入

用户可在保存 CorelDRAW 文档时嵌入字体，以便接受者可以完全按照设计作品的原样进行查看、打印和编辑文档，如图 1-74 所示。

图 1-73 图 1-74

1.2 CorelDRAW X7 的基础操作

CorelDRAW X7 作为一款较为常用的矢量图绘制软件，被广泛应用于平面设计的制作和矢量插图的绘制等领域。要熟练运用 CorelDRAW X7 绘制图形或结合图形进行处理等操作，首先应对其启动和退出的方法、工作界面、工作箱等知识有所了解。

1.2.1 CorelDRAW X7 的工作界面

CorelDRAW X7 与其他图形图像处理软件相似，工作界面同样拥有菜单栏、工具箱、工作区、状态栏等构成元素，但也有其特殊的构成元素。如图 1-75 所示。

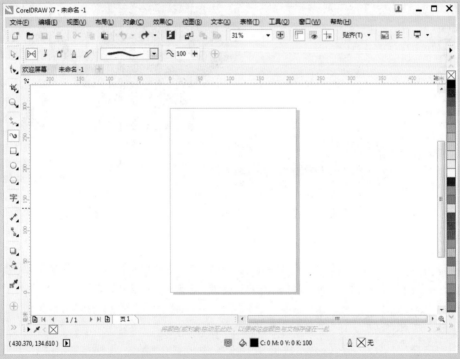

图 1-75

1.2.2 工具箱和工具组

在默认状态下，工具箱以竖直的形式放置在工作界面的左侧，其中包含了所有用于绘制或编辑对象的工具。菜单列表中有的工具右下角显示有黑色的快捷键头，则表示该工具下包含了相关系列的隐藏工具。将鼠标光标移动至工具箱顶端，当光标变为拖动光标，即可将其脱离至浮动状态，如图 1-76 所示。

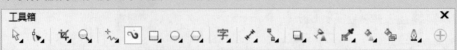

图 1-76

各工具的使用及功能介绍如下表所示。

序号	图标	名称	功能描述
01		选择工具	用于选择一个或多个对象并进行任意移动或调整大小，可在文件空白处拖动鼠标以框选指定对象
02		形状工具	用于调整对象轮廓的形态。当对象为扭曲后的图形时，可利用该工具对图形轮廓进行任意调整
03		裁剪工具	用于裁剪对象不需要的部分图像。选择某一对象后，拖动鼠标以调整裁剪尺寸，完成后在选区内双击即可裁剪该对象选区外的图像
04		缩放工具	用于放大或缩小页面图像，选择该工具后，在页面中单击以放大图像，右击以缩小图像
05		手绘工具	在页面中单击，移动光标至任意点再次单击可绘制线段；按住鼠标左键不放，可绘制随意线条
06		艺术笔工具	具有固定或可变宽度及形状的画笔，在实际操作中可使用艺术笔工具绘制出具有不同线条或图案效果的图形
07		矩形工具	可绘制矩形和正方形，按住 Ctrl 键可绘制正方形，按住 Shift 键可以起始点为中心绘制矩形
08		椭圆形工具	可用于绘制椭圆形和正圆，设置其属性栏的参数可绘制饼图和弧
09		多边形工具	可绘制多边形对象，设置其属性栏中的边数可调整多边形的形状
10		文本工具	在页面中单击，可输入美术字；拖动鼠标设置文本框，可输入段落文字
11		平行度量工具	用于度量对象的尺寸或角度
12		直线连接器工具	用于连接对象的锚点
13		阴影工具	使用该工具可为页面中的图形添加阴影
14		透明度工具	使用此工具可调整图片及形状的明暗程度，并具备 4 种透明度的设置
15		颜色滴管工具	主要用于取样对象中的颜色，取样后的颜色可利用填充工具填充指定对象
16		交互式填充工具	利用交互式填充工具可对对象进行任意角度的渐变填充，并进行调整
17		智能填充工具	可对任何封闭的对象，包括位图图像进行填充，也可对重叠对象的可视性区域进行填充，填充后的对象将根据原对象轮廓形成新的对象
18		轮廓笔工具	用于调整对象的轮廓状态，包括轮廓宽度和颜色等

■ 1.2.3 图像显示模式

图像的显示模式包括多种形式，分类显示在"视图"菜单中。"增强"显示模式和"线框"显示模式如图 1-77、图 1-78 所示。

图 1-77   图 1-78

■ 1.2.4 文档窗口显示模式

在 CorelDRAW X7 中，若同时打开多个图形文件，可调整其窗口显示模式将其同时显示在工作界面中，以方便图形的显示。

CorelDRAW X7 为用户提供了层叠、水平平铺和垂直平铺 3 种窗口显示模式，在"窗口"菜单中选择相应的模式即可。水平平铺和层叠模式下的图像效果如图 1-79、图 1-80 所示。对单幅图像而言，图形窗口的显示即为窗口的最大化和最小化，单击窗口右上角的"最小化"按钮或"最大化"按钮可调整文档窗口的显示状态。

图 1-79   图 1-80

■ 1.2.5 辅助工具的设置

下面将对辅助工具的相关知识进行介绍。

1. 标尺

标尺能辅助用户在页面绘图时进行精确的位置调整，同时也能重置标尺零点，以便用户对图形的大小进行观察。

通过执行"视图"│"标尺"命令可在工作区中显示或隐藏标尺，也可在选择工具属性栏的"单位"下拉列表框中选择相应的单位以设置标尺。在标尺上右击，在弹出的快捷菜单中选择"标尺设置"命令，打开"选项"对话框，设置标尺参数，如图 1-81 所示。

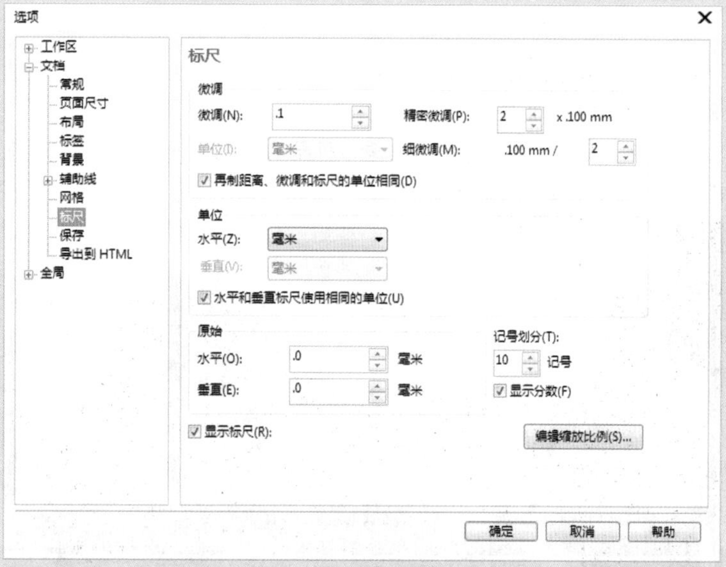

图 1-81

2. 网格

网格是分布在页面中的有一定规律性的参考线，使用网格可以将图像精确定位。

执行"视图"｜"网格"命令即可显示网格，也可以在标尺上右击，在弹出的菜单中选择"栅格设置"命令，打开"选项"对话框，对网格的样式、间隔、属性等进行设置，如图 1-82 所示。

图 1-82

3. 辅助线

辅助线是绘制图形时非常实用的工具，可帮助对齐所需绘制的对象，以达到更精确的绘制效果。

执行"视图"|"辅助线"命令，可显示或隐藏辅助线（显示的辅助线不会一并被导出或打印），如图1-83所示。

图 1-83

设置辅助线的方法是，打开"选项"对话框，单击"辅助线"选项，即可对其显示情况和颜色等进行设置，如图1-84所示。选择辅助线后按下 Delete 键可将其删除，也可执行"视图\辅助线"命令将其隐藏。

图 1-84

1.3 设置页面属性

设置页面属性是对图像文件的页面尺寸、页面背景和页面布局等属性进行设置，在自定义页面显示状态下，用户可根据使用习惯进行工作环境的设置。

■ 1.3.1 设置页面尺寸和方向

新建空白图形文件后执行"布局"｜"页面设置"命令，打开"选项"对话框，此时自动选择"页面尺寸"选项，并显示相应的页面，如图 1-85 所示。可设置页面大小、分辨率和出血等属性，也设置页面的方向。需要注意的是，还可单击属性栏中的"纵向"或"横向"按钮以快速切换页面方向。

图 1-85

■ 1.3.2 设置页面背景

设置页面背景与设置页面尺寸一样，执行"布局"｜"页面背景"命令打开"选项"对话框。一般情况下，页面的背景为"无背景"设置，用户可通过点选相应的单选按钮，自定义页面背景。单击"浏览"按钮，可导入位图图像以丰富页面背景状态，如图 1-86 所示。

图 1-86

1.3.3　设置页面布局

　　设置页面布局是对图像文件的页面布局尺寸和对开页状态进行设置。执行"布局"｜"页面设置"命令打开"选项"对话框，选择"布局"选项，显示出相应的页面。可通过选择不同的布局选项，对页面的布局进行设置，可直接更改页面的尺寸和对开页状态，便于在操作中进行排版，如图 1-87 所示。

图 1-87

1.4　文件的导入和导出

文件的导入导出满足了对不同格式图像操作的需求。

■ 1.4.1　导入指定格式图像

执行"文件"|"导入"命令，在打开的对话框中选择需要导入的文件并单击"导入"按钮，此时光标转换为导入光标，单击鼠标左键可直接将位图以原大小状态放置在该区域，通过拖动鼠标设置图像大小，最后将图像放在指定位置，如图 1-88 所示。

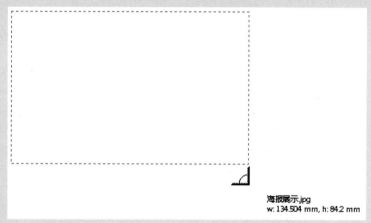

海报展示.jpg
w: 134.504 mm, h: 84.2 mm

图 1-88

■ 1.4.2　导出指定格式图像

导出经过编辑处理后的图像时，执行"文件"|"导出"命令，在打开的对话框中选择图像存储的位置并设置文件的保存类型，如 JPEG、PNG 或 AI 等格式。设置完成后单击"导出"按钮。

自己练 PRACTICE YOURSELF

■ 项目练习　飞马教育名片的设计与制作

项目背景

受飞马教育企业委托，为其个人制作一张名片，主要用于推荐自己。

项目要求

飞马教育的教育群体主要面向 7 ～ 12 岁儿童，名片整体色调要求鲜明、活泼，并体现飞马教育的主要思想与文化，且个人信息展示要全面。

项目分析

名片背景颜色选用蓝色、黄色、红色，整体搭配非常鲜艳、明快，符合儿童教育色彩。使用文本工具输入企业名称及个人信息，注意分清信息传递的主次关系，以便设置字号与字体。

项目效果

图 1-89

课时安排

2 课时

CHAPTER 02
制作卡通插画
——图形绘制详解

本章概述 OVERVIEW

本章以工具为基点，主要针对如何在CorelDRAW X7中绘制图形进行讲解。通过对绘制直线、曲线、几何图形、网格等图形相关工具的介绍，让读者掌握在CorelDRAW X7中绘制各种图形的方法，并针对曲线中节点的编辑调整进行知识拓展，以便有序地编辑处理图形。

■ 核心知识
使用工具绘制曲线 ★ ★
使用工具绘制几何图形 ★
使用工具绘制形状 ★ ★

卡通插画的设计与制作

图纸工具的使用

跟我学 LEARN
WITH ME

■ 卡通插画的设计与制作

作品描述：卡通插画的画面要清新，色调要干净，使用"透明度工具"
调整图形之间的透明度，丰富图形的质感使其晶莹剔透，在创建一些
较为复杂的图形时，可利用将图形进行编组等操作，提高工作效率。
下面将对制作卡通插画的过程展开详细介绍。

实现过程

1. 制作卡通插画背景

下面将介绍卡通插画背景制作，主要讲解的工具包括：矩形工具、
钢笔工具，以及精确喜见的使用方法。

STEP 01 打开 CorelDRAW 软件，执行"文件"|"新建"命令，
在打开的"创建新文档"对话框中设置参数，新建文档，如图 2-1、
图 2-2 所示。

STEP 02 双击工具箱中的矩形工具，创建与页面相同大小的矩
形，如图 2-3 所示。

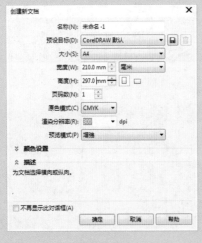
图 2-1

图 2-2

图 2-3

STEP 03 按 Shift+F11 组合键，打开"编辑填充"对话框，设置
"均匀填充"参数，并设置其轮廓线为无，如图 2-4 所示。

STEP 04 单击"确定"按钮，填充颜色，效果如图 2-5 所示。

STEP 05 执行"文件"|"导入"命令，导入素材文件夹中"地
板纹 .png"，调整其大小与位置，如图 2-6 所示。

STEP 06 选择工具箱中的矩形工具，在"地板纹"的上方绘制一个尺寸为 210mm×24mm 的矩形，如图 2-7 所示。

STEP 07 按 F11 键，打开"编辑填充"对话框，设置渐变填充的颜色参数，如图 2-8 所示。

图 2-4

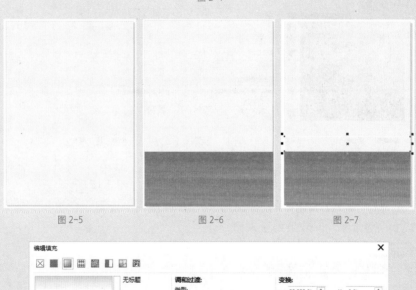

图 2-5   图 2-6   图 2-7

图 2-8

STEP 08 单击"确定"按钮，为其填充渐变颜色，效果如图 2-9 所示。

STEP 09 选择工具箱中的钢笔工具，绘制云朵形状的路径，效果如图 2-10 所示。

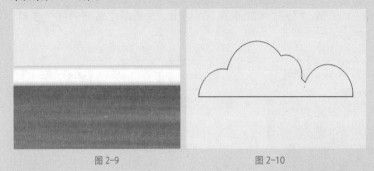

图 2-9   图 2-10

STEP 10 按 Shift+F11 组合键，打开"编辑填充"对话框，设置填充色的参数，如图 2-11 所示。

图 2-11

STEP 11 单击"确定"按钮，为其填充颜色，效果如图 2-12 所示。

STEP 12 选择工具箱中的透明度工具，在属性栏中设置"合并模式"为"乘"，效果如图 2-13 所示。

STEP 13 调整位置，并按 Ctrl+C、Ctrl+V 组合键，复制与粘贴至绘图区左上方，调整其大小与位置，效果如图 2-14 所示。

图 2-12   图 2-13   图 2-14

STEP 14 再次使用钢笔工具，绘制云朵的形状路径，效果如图 2-15 所示。

STEP 15 选择工具箱中属性滴管工具，吸取上方云朵的颜色属性，当光标变为油漆桶的形式时，单击下方云朵形状，效果如图2-16所示。

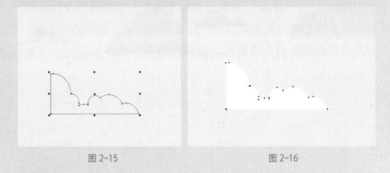

图 2-15   图 2-16

STEP 16 使用同样的方法将云朵图形的"合并模式"改变为"乘"，效果如图 2-17 所示。

STEP 17 按 Ctrl+C、Ctrl+V 组合键，复制与粘贴其至绘图区右侧，在属性栏中单击"水平镜像"按钮，调整至合适位置，效果如图 2-18 所示。

图 2-17   图 2-18

STEP 18 选择工具箱中矩形工具，绘制一个尺寸为 210mm×168mm 的矩形，效果如图 2-19 所示。

STEP 19 执行"窗口"|"泊坞窗"|"对齐与分布"命令，使其与页面水平居中对齐与顶端对齐，如图 2-20 所示。

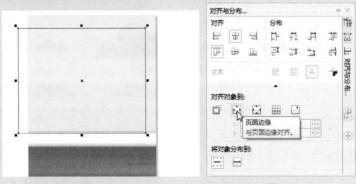

图 2-19   图 2-20

STEP 20 设置轮廓线为无，按 Shift 键加选所有的云对象，效果如图 2-21 所示。

STEP 21 执行"对象"|"图框精确剪裁"|"置于图文框内部"命令，当光标变为黑色箭头时，将云朵图形置入矩形边框内部，将所有背景图形选中并编组，效果如图 2-22 所示。

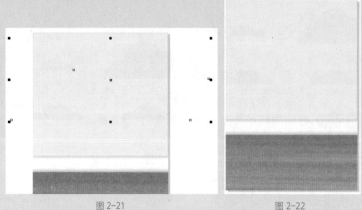

图 2-21　　　　　　　　　　图 2-22

操作技能

　图形上方有对象时，下方对象是选不中的，可采用区域选择方式先选择下方图形，再加选其他图形。

2. 制作卡通形象

　　下面将讲解如何制作卡通形象，使用钢笔工具绘制图形，充分利用之前讲解的精确剪裁的方法剪裁图形。

STEP 01 双击工具箱中的钢笔工具，绘制饮料瓶身，并设置颜色，效果如图 2-23 所示。

STEP 02 执行"窗口"|"泊坞窗"|"对象属性"命令，打开"对象属性"面板，设置轮廓粗细、轮廓颜色、斜接限制等，如图 2-24 所示。

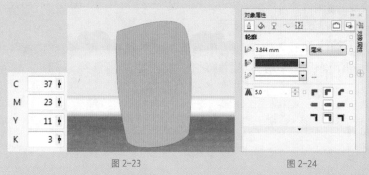

图 2-23　　　　　　　　　　图 2-24

STEP 03 双击工具箱中的椭圆形工具，绘制饮料瓶盖，设置颜色，效果如图 2-25 所示。其轮廓线颜色与瓶身轮廓线颜色相同。

STEP 04 按 Ctrl+PageDown 组合键，将其调整至瓶身图形的后方，效果如图 2-26 所示。

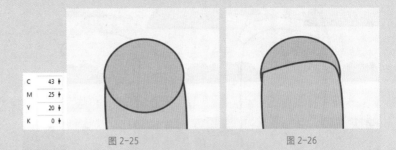

C	43
M	25
Y	20
K	0

图 2-25　　　　　　　　　　图 2-26

STEP 05 使用钢笔工具继续绘制瓶盖边缘，设置填充色为白色，其轮廓线颜色与瓶身轮廓线颜色相同，效果如图 2-27 所示。

STEP 06 继续使用钢笔工具绘制瓶身光感效果，效果如图 2-28 所示。

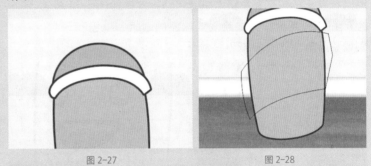

图 2-27　　　　　　　　　　图 2-28

STEP 07 设置颜色为灰蓝色，并在调色板中右击"无"色块，去除轮廓色，效果如图 2-29 所示。

STEP 08 选中光感形状，单击鼠标右键执行"PowerClip 内部"命令，将光感形状置入瓶身内部，效果如图 2-30 所示。

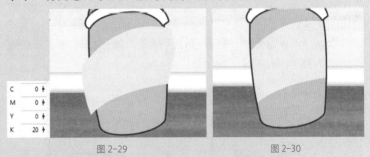

C	0
M	0
Y	0
K	20

图 2-29　　　　　　　　　　图 2-30

STEP 09 使用钢笔工具绘制瓶身的相交光感效果，效果如图 2-31 所示。

STEP 10 在调色板中设置颜色为白色，并去除轮廓色，效果如图 2-32 所示。

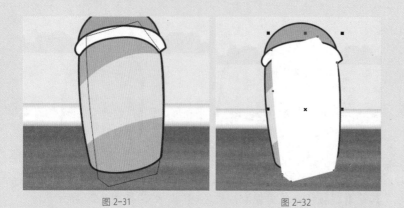

图 2-31 　　　　　　　　　　　　图 2-32

STEP 11 使用工具箱中的透明度工具，设置透明度值为 60，使用同样方法将相交颜色置入瓶身内部，效果如图 2-33 所示。

STEP 12 使用同样方法绘制饮料瓶的眼睛、嘴巴和牙齿，并分别设置颜色，效果如图 2-34 所示。

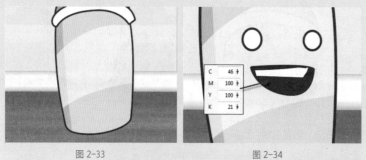

图 2-33 　　　　　　　　　　　　图 2-34

STEP 13 使用钢笔工具绘制五官阴影与高光部分，效果如图 2-35 所示。

STEP 14 选中所有高光与阴影部分图形，重复按几次 Ctrl+PageDown 组合键，将其移动至眼睛与嘴巴图形的下方，效果如图 2-36 所示。

图 2-35 　　　　　　　　　　　　图 2-36

STEP 15 使用钢笔工具在唇部下方绘制一条曲线，双击鼠标即可断开绘制路径，轮廓线粗细及颜色与瓶身一致，效果如图2-37所示。

STEP 16 使用钢笔工具绘制舌头及舌头高光，效果如图2-38所示。

STEP 17 使用钢笔工具绘制牙齿阴影，并绘制直线作为牙齿缝隙，设置颜色及轮廓宽度，效果如图2-39所示。

图 2-37

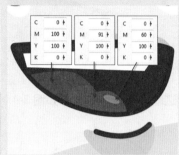

图 2-38

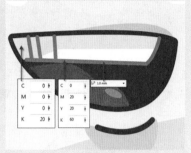

图 2-39

STEP 18 选中牙齿、牙齿阴影部分与牙齿缝隙，按Ctrl+G组合键将其编组，单击鼠标右键，选择"PowerClip内部"命令，将其置入嘴巴内部，效果如图2-40所示。

STEP 19 使用钢笔工具绘制瓶身两侧处的高光部分，效果如图2-41所示。

STEP 20 使用选择工具选中瓶身左侧的高光，选择工具箱中的透明度工具，在工具栏中设置渐变样式为"透明度渐变"，从上至下绘制透明度渐变，效果如图2-42所示。

图 2-40

图 2-41

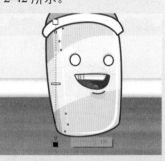

图 2-42

STEP 21 使用透明度工具选中瓶身右侧高光，在工具栏中设置渐变样式为"均匀透明度"，设置透明度值为50，效果如图2-43所示。

STEP 22 使用钢笔工具绘制瓶身底部阴影，并将其置入瓶身内部，效果如图2-44所示。

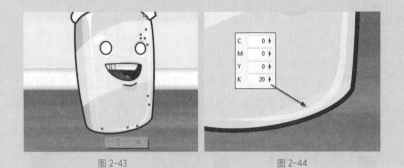

图 2-43   图 2-44

STEP 23 使用透明度工具选中瓶身右侧高光，在工具栏中设置渐变样式为"均匀透明度"，设置透明度值为 50，效果如图 2-45 所示。

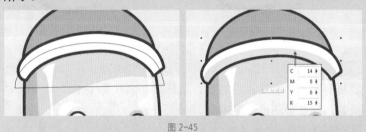

图 2-45

STEP 24 使用钢笔工具绘制瓶身底部阴影，并将其置入瓶身内部，效果如图 2-46 所示。

STEP 25 使用钢笔工具绘制瓶盖上的亮光部分，颜色设置如图 2-47 所示。

STEP 26 继续绘制瓶盖的高光部分，效果如图 2-48 所示。

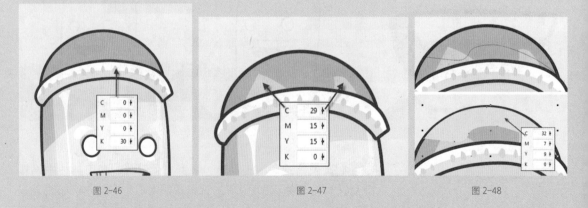

图 2-46   图 2-47   图 2-48

STEP 27 选择工具箱中的透明度工具，设置透明度值为 50，并将其置入瓶盖内部，如图 2-49 所示。

STEP 28 继续绘制瓶盖的透明部分，设置颜色为白色，并将其置入瓶盖内部，效果如图 2-50 所示。

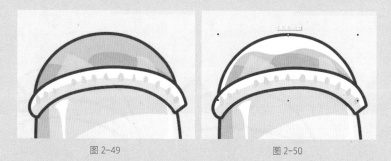

图 2-49   图 2-50

STEP 29 继续使用钢笔工具绘制饮料吸管部分，设置颜色及描边参数，如图 2-51 所示。

STEP 30 在吸管左上角绘制透光部分，并将其置入吸管形状内部，效果如图 2-52 所示。

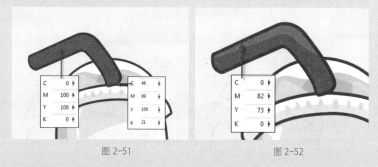

图 2-51   图 2-52

STEP 31 继续使用钢笔工具绘制饮料吸管部分，设置颜色及描边参数，如图 2-53 所示。

STEP 32 选择椭圆形工具，绘制吸管高光部分，设置颜色为白色，效果如图 2-54 所示。

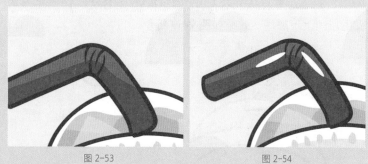

图 2-53   图 2-54

STEP 33 选择工具箱中的透明度工具，选中左侧的高光部分，在属性栏中设置渐变样式为"透明度渐变"，从左至右应用透明度样式，效果如图 2-55 所示。

STEP 34 使用同样方法设置右侧的高光效果，效果如图 2-56 所示。

图 2-55　　　　　　　　　　　图 2-56

STEP 35　将吸管部分已绘制的所有图形编组，并将其移至瓶盖的后方，效果如图 2-57 所示。

STEP 36　使用钢笔工具绘制瓶身内部的吸管部分，效果如图 2-58 所示。

图 2-57　　　　　　　　　　　图 2-58

STEP 37　将后来绘制的吸管部分的图形置入瓶盖内部，效果如图 2-59 所示。

STEP 38　使用选择工具选中瓶盖，单击鼠标右键执行"PowerClip 内部"命令，重复按几次 Ctrl+PageDown 组合键，调整平高内部图层的上下顺序，效果如图 2-60 所示。

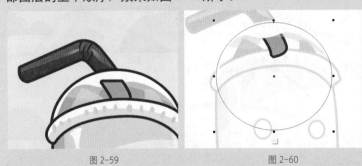

图 2-59　　　　　　　　　　　图 2-60

STEP 39　单击停止编辑内容按钮 <img />，调整顺序，效果如图 2-61 所示。

STEP 40　继续使用同样方法绘制饮料瓶的左手、右手及脚部，最终完成效果如图 2-62 所示。

图 2-61

图 2-62

听我讲 | LISTEN TO ME

2.1 绘制直线和曲线

线条的绘制是绘制图形的基础。线条的绘制包括直线的绘制和曲线的绘制。CorelDRAW X7 为用户提供了手绘工具、2 点线工具、贝塞尔工具、钢笔工具、B 样条、折线工具、3 点曲线工具和艺术笔工具 8 种绘制线条的工具，下面将对这些绘图工具进行介绍。

■ 2.1.1 手绘工具

使用手绘工具 不仅可以绘制直线，也可以绘制曲线，它是利用鼠标在页面中直接拖动绘制线条的。该工具的使用方法是，单击手绘工具或按下 F5 键，即可选择手绘工具，然后将鼠标光标移动到工作区中，此时光标变为 形状，在页面中单击并拖动鼠标绘制出曲线，如图 2-63 所示。

释放鼠标，软件会自动去掉绘制过程中的不光滑曲线，将其替换为光滑的曲线效果，如图 2-64 所示。

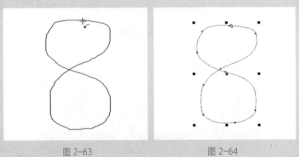

图 2-63   图 2-64

若要绘制直线，则需在光标变为 形状后单击，并且在直线的另一个点再次单击，即可绘制出两点之间的直线，如图 2-65 所示（按住 Ctrl 键可绘制水平、垂直及 15 度倍数的直线）

利用手绘工具绘制图形，可设置其起始箭头、结束箭头以及路径的轮廓样式，如图 2-66 所示。

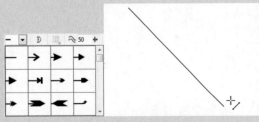

图 2-65

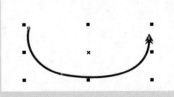

图 2-66

■ 2.1.2 2 点线工具

2 点线工具在功能上与直线工具相似，使用 2 点线工具可以快速地绘制出相切的直线和相互垂直的直线，如图 2-67 所示。

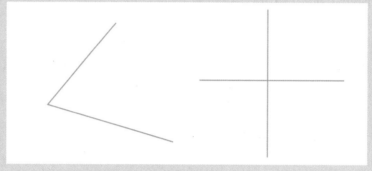

图 2-67

■ 2.1.3 贝塞尔工具

CorelDRAW X7 中的曲线是由一个个的节点连接的。使用贝塞尔工具可以相对精确地绘制直线，同时还能对曲线上的节点进行拖动，实现一边绘制曲线一边调整曲线圆滑度的操作。

在手绘工具✣卷轴栏下，单击贝塞尔工具✐，将鼠标光标移动到工作区中，此时光标变为→形状，在页面中单击，确认曲线的起点位置，然后在另一处单击，确定节点位置后，拖动控制手柄以调整曲线弧度，即可绘制出圆滑的曲线，如图 2-68、图 2-69 所示。

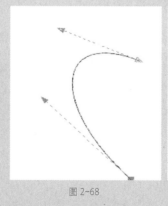

图 2-68   图 2-69

■ 2.1.4 钢笔工具

钢笔工具▲在功能上将直线的绘制和贝塞尔曲线的绘制进行了融合。

单击钢笔工具，当鼠标光标变为钢笔形状时，在页面中单击确定起点，然后单击下一个节点，绘制直线段。若单击的同时拖动鼠标，绘制的则为弧线，如图 2-70、图 2-71 所示。

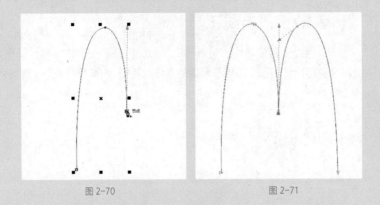

图 2-70   图 2-71

2.1.5 B 样条

B 样条工具与 2 点线工具相同，功能上与贝塞尔工具相似，不同的是，该工具有蓝色控制框。选择 B 样条工具，在页面上单击，确定起点后继续单击并拖动图像，此时可看到线条外的蓝色控制框，对曲线进行了相应的限制，继续绘制曲线的闭合曲线，如图 2-72 所示。当图形闭合时，蓝色控制框自动隐蔽。

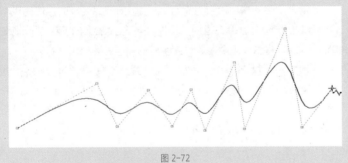

图 2-72

2.1.6 折线工具

折线工具也是用于绘制直线和曲线的，在绘制图像的过程中它可以将一条条的线段闭合。单击折线工具，当鼠标光标变为折线形状时单击，确定线段起点，继续单击确定图形的其他节点，双击结束绘制，如图 2-73、图 2-74 所示。

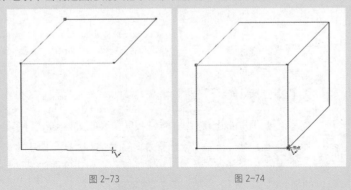

图 2-73   图 2-74

■ 2.1.7 3点曲线工具

在绘制多种弧形或近似圆弧等曲线时，可以使用3点曲线工具，使用该工具可以任意调整曲线的位置和弧度，且绘制过程更加自由、快捷。单击3点曲线工具，在页面中单击确定起点，移动鼠标后并释放，以确定曲线的终点，拖动鼠标绘制出曲线的弧度。

■ 2.1.8 艺术笔工具

艺术笔工具 ꙭ 是一种具有固定或可变宽度及形状的画笔，在实际操作中可使用艺术笔工具绘制出具有不同线条或图案效果的图形。单击艺术笔工具 ꙭ，在其属性栏中分别有"预设"按钮 ⋈、"笔刷"按钮 ⫶、"喷涂"按钮 ⌁、"书法"按钮 ⍭ 和"压力"按钮 ✐。单击不同的按钮，即可看到属性栏中的相关设置选项也会发生变化。

1．应用预设

单击艺术笔工具 ꙭ 属性栏中的"预设"按钮 ⋈，在"预设笔触"下拉列表框中选择一个画笔预设样式，如图2-75所示。

将鼠标光标移动到工作区中，当光标变为画笔形状时，单击并拖动鼠标，即可绘制出线条。此时线条自动运用预设的画笔样式，如图2-76所示。

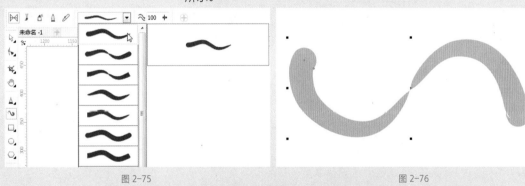

图 2-75   图 2-76

2．应用笔刷

单击艺术笔工具 ꙭ 属性栏中的"笔刷"按钮 ⫶，在"类别"下拉列表框中选择笔刷的类别，如图2-77所示。

同时还可以在其后面的"笔刷笔触"下拉列表框中选择笔刷样式，然后将鼠标光标移动到工作区中，当光标变为画笔形状时，单击并拖动鼠标，即可绘制出线条。此时线条自动运用预设的笔刷样式，如图2-78所示。

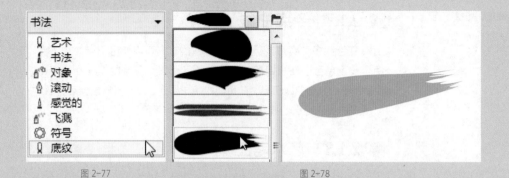

图 2-77   图 2-78

3．应用喷涂

单击艺术笔工具属性栏中的"喷涂"按钮，在"类别"下拉列表框中选择喷涂图案的类别，同时还可以在其后的"喷射图样"下拉列表框中选择图案样式，如图 2-79 所示。

在工作区中单击并拖动鼠标，开始绘制图案，选择不同的图案样式可绘制出不同的图案效果，如图 2-80 所示。

图 2-79   图 2-80

4. 应用书法

单击艺术笔工具属性栏的"书法"按钮，即可对属性栏中的"手绘平滑""笔触宽度""书法角度"等选项进行设置，然后在图像中单击并拖动鼠标绘制图形。此时绘制出的形状自动添加了一定的书法比触感，如图 2-81 所示。

5. 应用压力

单击艺术笔工具属性栏中的"压力"按钮，即可对属性栏中的"手绘平滑"和"笔触宽度"选项进行设置，然后在图像中单击并拖动鼠标绘制图形，此时绘制的形状默认为黑色，如更改当前画笔的填充颜色，此时图像则自动显示出相应的颜色，如图 2-82 所示。

图 2-81   图 2-82

2.2　绘制几何图形

在 CorelDRAW X7 中，除了可以绘制直线和曲线，还可以通过软件提供的几何类绘制工具绘制图形。如矩形工具、椭圆形工具、多边形工具、星形工具、复杂星形工具、图纸工具、螺纹工具、基本形状工具等。

2.2.1　绘制矩形和 3 点矩形

单击矩形工具，在页面中单击并拖动鼠标，绘制任意大小的矩形，按住 Ctrl 键的同时单击并拖动鼠标，可绘制正方形，如图 2-83、图 2-84 所示。

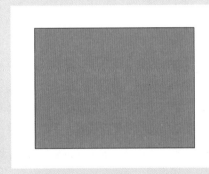

图 2-83   图 2-84

在矩形工具组中还包括了一个 3 点矩形工具，使用该工具可以绘制出任意角度的矩形。

单击 3 点矩形工具，在页面位置单击定位矩形的第一个点。按住鼠标并拖动到相应的位置后释放鼠标，定位矩形的第二个点。再次拖动鼠标并单击，定位矩形的第三个点。然后在属性栏中分别单击"圆角""扇形角""倒棱角"按钮，即可绘制出带有一定角度的矩形，如图 2-85、图 2-86、图 2-87 所示。

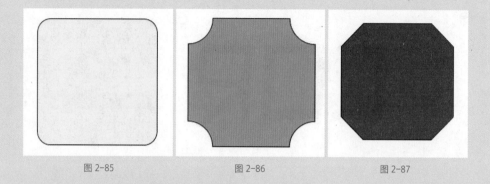

图 2-85　　　　　　　　　图 2-86　　　　　　　　　图 2-87

◾ 2.2.2　绘制椭圆形和饼图

使用椭圆形工具不仅可以绘制椭圆形、正圆以及具有旋转角度的几何图形，还可以绘制饼形以及圆弧形。

如图 2-88、图 2-89、图 2-90 所示分别为使用椭圆形工具绘制的椭圆形、扇形以及弧线。

图 2-88　　　　　　　　　图 2-89　　　　　　　　　图 2-90

◾ 2.2.3　智能绘图工具

使用智能绘图工具 ⚠ 可以快速将绘制的不规则形状进行图形的转换，尤其是当绘制的曲线与基本图形相似时，该工具可以自动将其变换为标准图形。

单击智能绘图工具，在页面中单击并拖动鼠标绘制图形曲线，将形状识别等级设置为最高，智能平滑等级设置为无，这样绘制的曲线趋近于实际手绘路径效果，如图 2-91、图 2-92、图 2-93 所示。

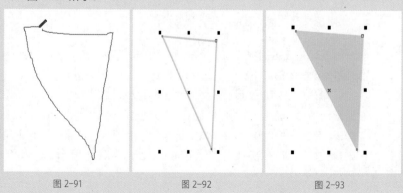

图 2-91　　　　　　　　　图 2-92　　　　　　　　　图 2-93

■ 2.2.4　多边形工具

　　CorelDRAW X7 将多边形工具、星形工具、复杂星形工具、图纸工具和螺纹工具集中在多边形工具组中，这些工具的使用方法较为相似，只是设置有所不同。单击多边形工具 🔘 ，在属性栏的"点数或边数"数值框和"轮廓宽度"下拉列表框中输入相应的数值或选择相应的选项，即可在页面中单击绘制出相应的多边形。

■ 2.2.5　星形工具和复杂星形工具

　　使用星形工具可以快速绘制出星形图案，单击星形工具，在属性栏的"点数或边数"和"锐度"数值框中对星形的边数和角度进行设置，调整星形的形状，如图 2-94、图 2-95、图 2-96 所示。

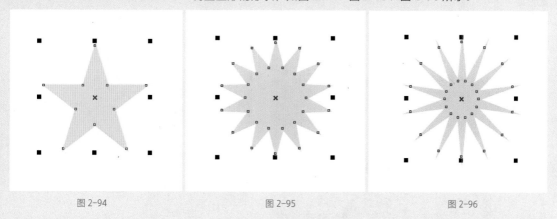

图 2-94　　　　　　　　　　图 2-95　　　　　　　　　　图 2-96

　　复杂星形工具是星形工具的升级应用，单击复杂星形工具，在属性栏中设置相关参数，在页面中单击并拖动鼠标，即可绘制出如图 2-97、图 2-98、图 2-99 所示的复杂星形图案。

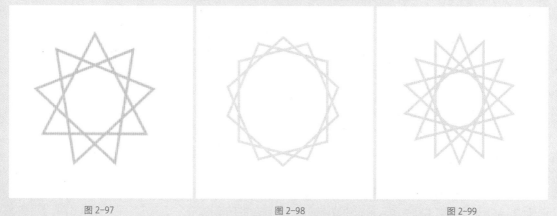

图 2-97　　　　　　　　　　图 2-98　　　　　　　　　　图 2-99

■ 2.2.6 图纸工具

　　使用表格工具可以绘制网格，以辅助用户在编辑图形时对其进行精确定位。选择图纸工具，在属性栏的"列数和行数"数值框中设置相应的数值后，在页面中单击并拖动鼠标绘制出网格，最后单击调色板中的颜色色块即可为其填充颜色。

　　需要强调的是，在绘制网格之前，要先行设置网格的列数和行数，以保证绘制出相应格式的图纸。在绘制出网格图纸后，按下 Ctrl+U 组合键即可取消群组，此时网格中的每个格子成为一个独立的图形，可分别对其填充颜色，同时也可使用选择工具，调整格子的位置，如图 2-100、图 2-101 所示。

图 2-100　　　　　　　　　　　　　　　　　图 2-101

■ 2.2.7 螺纹工具

　　使用螺纹工具可以绘制两种不同的螺纹，一种是对称式螺纹，另一种是对数螺纹。这两者的区别是，在相同的半径内，对称式螺纹的螺纹形之间的间距是相等的，对数螺纹的螺纹形之间的间距成倍数增长。

　　单击星形卷展栏下的螺纹工具 ◎，在属性栏的"螺纹回圈"数值框中调整绘制出的螺纹的圈数。单击"对称式螺纹"按钮，在页面中单击并拖动鼠标，绘制出螺纹形状，此时绘制的螺纹十分对称，圆滑度较高，如图 2-102 所示。

　　在螺纹工具的属性栏中单击"对数螺纹"按钮，激活"螺纹扩展参数"选项，拖动滑块或在文本框中输入相应的数值即可改变螺纹的圆滑度，如图 2-103 所示。

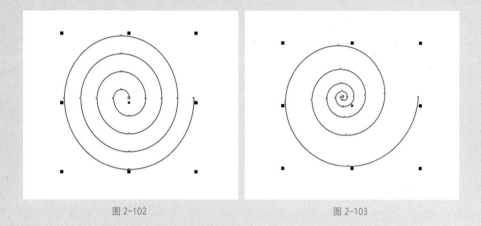

图 2-102   图 2-103

■ 2.2.8 基本形状工具

在 CorelDRAW X7 中除了可以绘制一些基础的几何图形外，软件还为用户提供了一系列的形状工具，帮助快速完成图形的绘制。这些工具包括基本形状工具、箭头形状工具、流程图形状工具、标题形状工具和标注形状工具 5 种，均集中在基本形状工具组中。

在绘制形状后，可看到绘制的图形上有一个红色的节点，表示该图形为固定几何图形，如图 2-104 所示。右击该图形，在弹出的快捷菜单中选择"转换为曲线"命令，会发现转换后的图形中红色节点不见了，如图 2-105 所示。此时表示该图形为普通的可调整图形，可结合形状工具对图形进行自由调整。

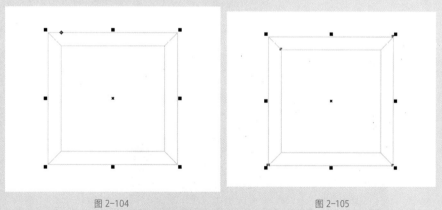

图 2-104   图 2-105

自己练 PRACTICE YOURSELF

■ 项目练习 卡通壁纸的绘制与制作

项目背景

为儿童制作一款偏卡通风格的电脑桌面壁纸。

项目要求

在制作卡通插画壁纸时，注意其风格要轻松、活泼。因其是电脑桌面壁纸，颜色使用要舒适，多用绿色、蓝色等色彩，起到护眼的效果。

项目分析

整个案例设计过程中用到的工具包括：贝塞尔工具、手绘工具、交互式透明度工具等，通过使用交互式网状填充工具制定区域颜色的方式制作树林背景，并绘制其他如蓝天和树木等图形，以增强其清新的色调效果。

项目效果

图 2-106

课时安排

1 课时

CHAPTER 03
制作CD封套与光盘
——颜色的填充详解

本章概述 OVERVIEW

在CorelDRAW X7中，颜色系统的含义比较广泛，包括颜色系统的样式设置、调色板的编辑、颜色的自定义、颜色模式的概念以及"颜色"泊坞窗的运用等。本章将讲解多种颜色的填充方法。

■ 核心知识
CorelDRAW X7中的色彩模式 ★☆☆
填充颜色的基本操作 ★★☆
智能填充工具的相关操作 ★★★
交互式填充工具的相关操作 ★★★

CD封套与光盘的制作

填充渐变背景

跟我学 LEARN WITH ME

■ CD 封套与光盘的设计与制作

作品描述: 现代社会科技在快速进步,储存信息与文件的方式越来越多,但 CD 储存却一直未被淘汰,其体积小,便于保存、携带,可用于存储音乐、视频、文件等。下面将对制作 CD 封套与光盘的过程展开详细介绍。

实现过程

1. 设计 CD 封套平面效果

下面将介绍 CD 封套平面效果的设计,主要使用的工具包括:矩形工具、文本工具、手绘工具、钢笔工具,并讲解文本描边、绘制虚线的方法。

STEP 01 打开 CorelDRAW 软件,执行"文件"|"新建"命令,打开"创建新文档"对话框,设置文档大小,如图 3-1 所示。

STEP 02 选择工具箱中的矩形工具,绘制光盘的侧面和正面矩形,尺寸分别为 10mm×125mm 与 140mm×125mm,如图 3-2 所示。

图 3-1　　　　　　　　　　　　　　　　图 3-2

STEP 03 使用选择工具将左侧矩形选中,按 Shift+F11 组合键,在打开的"编辑填充"对话框中设置颜色为灰色,并去除轮廓线,如图 3-3、图 3-4 所示。

图 3-3

图 3-4

STEP 04 使用选择工具将右侧矩形选中，按 Shift+F11 组合键，在打开的"编辑填充"对话框中设置颜色为黄色，并去除轮廓线，如图 3-5、图 3-6 所示。

STEP 05 执行"文件"|"导入"命令，导入素材文件夹中的"纹理 .png"文件，调整大小与位置，效果如图 3-7 所示。

STEP 06 按 Ctrl+PageDown 组合键，将其下移一层，选中置入的素材，执行"对象"|"图框精确剪裁"|"置于图文框内部"命令，将图案置入上方矩形，效果如图 3-8 所示。

图 3-5

图 3-6   图 3-7   图 3-8

STEP 07 执行"文件"|"导入"命令，导入素材文件夹中的"图案.png"
文件，调整大小与位置，效果如图 3-9 所示。

STEP 08 选择工具箱中的文本工具，输入文本内容，设置字体颜色为宋体，
字号为 30pt，填充颜色为红色，效果如图 3-10 所示。

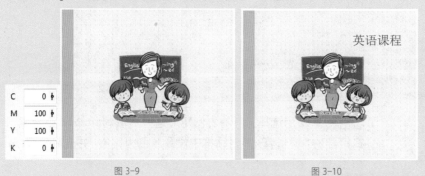

图 3-9   图 3-10

STEP 09 选中文字并按 F12 键，设置轮廓宽度为 1.7mm，轮廓颜色为白色，
如图 3-11 所示。

图 3-11

STEP 10 在工具箱中选择轮廓图工具，在属性栏中设置参数，效果如图 3-12 所示。

STEP 11 继续使用文字工具输入 CD 封套上其他文字信息，效果如图 3-13 所示。

图 3-12   图 3-13

STEP 12 选择工具箱中的手绘工具，按住 Ctrl 键并单击鼠标左键，向右拖动绘制一条直线，在属性栏中选择直线样式，设置线条粗细为 0.2mm，效果如图 3-14 所示。

STEP 13 使用同样方法再次绘制一条直线，设置线条粗细为 0.3mm，封套正面设计完成，按 Ctrl+G 组合键将其编组，效果如图 3-15 所示。

图 3-14   图 3-15

STEP 14 使用相同的方法绘制 CD 封套背面背景，效果如图 3-16 所示。

图 3-16

STEP 15 使用钢笔工具绘制草坪图案，按 Shift+F11 组合键，打开"编辑填充"对话框，设置颜色，如图 3-17、图 3-18 所示。

STEP 16 使用相同的方法在其上方再次绘制两个草坪，如图 3-19 所示。

STEP 17 使用选择工具，选中下方的所有图形，单击鼠标右键执行"PowerClip 内部"命令，将其置入矩形背景中，如图 3-20 所示。

图 3-17

图 3-18

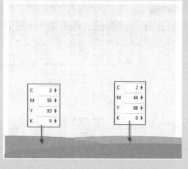

图 3-19

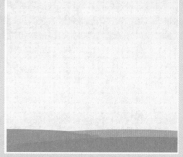

图 3-20

STEP 18 执行"文件"|"导入"命令，导入素材文件夹中的"小鹿 .png"文件，调整大小及位置，效果如图 3-21 所示。

STEP 19 使用工具箱中的文本工具，输入段落文本内容，设置字体为方正黑体简体，字号为 6pt，效果如图 3-22 所示。

图 3-21

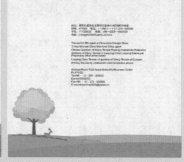

图 3-22

2．设计 CD 平面效果

下面将介绍 CD 平面效果的设计，主要使用的工具为椭圆形工具。

STEP 01 选择工具箱中的椭圆形工具，按 Ctrl 键绘制一个正圆，作为光盘的外圆，在属性栏中设置尺寸为 120mm×120mm，效果如图 3-23 所示。

STEP 02 按 Shift+F11 组合键，在打开的"编辑填充"对话框中设置颜色参数，单击"确定"按钮，效果如图 3-24 所示。

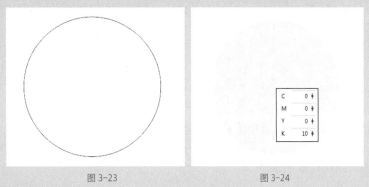

图 3-23　　　　　　　　　　图 3-24

STEP 03 再次使用同样方法绘制一个较小的正圆，效果如图 3-25 所示。

STEP 04 按 Shift+F11 组合键，在打开的"编辑填充"对话框中设置颜色参数，单击"确定"按钮，并去除轮廓线，效果如图 3-26 所示。

图 3-25　　　　　　　　　　图 3-26

STEP 05 选中两个正圆，执行"窗口"|"泊坞窗"|"对齐与分布"命令，设置其与下方正圆水平居中对齐与垂直居中对齐，如图 3-27 所示。

STEP 06 按 Shift+F11 组合键，在打开的"编辑填充"对话框中设置颜色参数，单击"确定"按钮，并去除其轮廓线，效果如图 3-28 所示。

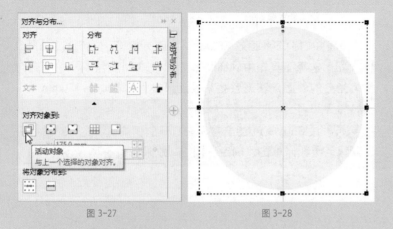

图 3-27　　　　　　　　　　　　　　　图 3-28

STEP 07　执行"文件"|"导入"命令，导入素材文件中的"图案.png"
文件，调整大小与位置，效果如图 3-29 所示。

STEP 08　选择椭圆形工具，绘制一个尺寸为 36mm×36mm 的白
色正圆，设置其与下方矩形水平居中对齐与垂直居中对齐，效
果如图 3-30 所示。

图 3-29　　　　　　　　　　　　　　　图 3-30

STEP 09　再次使用同样方法绘制一个尺寸为 22mm×22mm 的
白色正圆，设置轮廓宽度为 0.5mm，轮廓颜色为灰色，并设置
其与下方矩形水平居中对齐与垂直居中对齐，效果如图 3-31
所示。

STEP 10　使用文本工具在图案下方绘制文本内容，设置字体为
方正粗宋简体，字号为 15pt，字体颜色为白色，效果如图 3-32
所示。

STEP 11　借助第三方软件，制作出最终的参考效果图，如图 3-33
所示。

图 3-31

图 3-32

图 3-33

3.1 填充对象颜色

色彩在视觉设计中扮演着重要的角色，因此有必要熟练掌握颜色填充的方法及要领，更好地对图形进行填充。

3.1.1 CorelDRAW X7 中的色彩模式

不同的颜色模式显示着不同的颜色效果，不同的颜色模式根据其独特的属性拥有不同的代表字母，在颜色的设置上，同一颜色用不同的数值来表达。CorelDRAW X7 为用户提供了 CMYK、RGB、HSB、Lab、灰度等多种颜色模式，以便于用户根据不同的需求进行选择使用。

（1）CMYK 模式。

CMYK 是青（Cyan）、洋红（Magenta）、黄（Yellow）和黑（Black）4 种颜色的简写，是相减混合模式。用这种方法得出的颜色之所以称为相减色，是因为它减少了系统视觉识别颜色所需要的反射光。

（2）RGB 模式。

RGB 模式是色光的色彩模式。R 代表红色，G 代表绿色，B 代表蓝色。在 RGB 模式中，红、绿、蓝相叠加可以产生其他颜色，因此该模式也被称为加色模式。显示器、投影设备以及电视机等设备都是依赖于这种加色模式来实现的。

（3）HSB 模式。

HSB 模式是根据人们对颜色的感知顺序来划分的，即人们在第一时间看到某一颜色后，首先感知到的是该颜色的色相，如红色或者绿色，其次才是该颜色的深浅度，即饱和度和亮度。H 代表色相，S 代表饱和度，B 代表亮度。饱和度即颜色的浓度，颜色越饱和就越鲜艳，不饱和则偏向灰色；亮度即为颜色的明亮度，颜色越亮越接近白色，颜色越暗越接近黑色。

（4）Lab 模式。

Lab 模式是由亮度或光亮度分量（L）和两个色度分量组成的。两个色度分量分别是 A 分量（从绿色到红色）和 B 分量（从蓝色到黄色）。它主要影响着色调的明暗。

（5）灰度模式。

可以使用多发256级灰度来表现图像，使图像的过渡更平滑、细腻。

灰度图像的每个像素有一个 0~255 之间的亮度值，用黑色油墨覆盖的百分比来表示。当其为 0% 时表示白色，当其为 100% 时表示黑色。

▋ 3.1.2　颜色泊坞窗

在 CorelDRAW X7 中，执行"窗口"|"泊坞窗"|"彩色"命令，打开"颜色泊坞窗"对话框，如图 3-34、图 3-35 所示。

图 3-34　　　　　　　　　　　　图 3-35

下面分别对"颜色泊坞窗"选项进行介绍。

- 显示按钮组 ⛃ ▣ ▦：该组按钮从左到右依次为"显示颜色滑块"按钮 ⛃、"显示颜色查看器"按钮 ▣ 和"显示调色板"按钮 ▦。单击相应的按钮，即可将泊坞窗切换到相应的显示状态。
- "颜色模式"下拉列表框：默认情况下显示 CMYK 模式，该下拉列表框将 CorelDRAW X7 为用户提供的 9 种颜色模式收录其中，如图 3-35 所示。
- 滑块组：在"颜色泊坞窗"中拖动滑块或在其后的文本框中输入数值即可调整颜色。
- "自动应用颜色"按钮 🔒：该按钮默认为 🔒 状态，表示未激活自动应用颜色工具。单击该按钮，当其变换成 🔓 状态时，若在页面中绘制图形，拖动滑块即可调整图的填充颜色。

▋ 3.1.3　智能填充工具

智能填充工具可对任意闭合的图形填充颜色，也可同时对两个或多个叠加图形的相交区域填充颜色，或者在页面中任意单击，可对页面中所有镂空图形进行填充。单击智能填充工具 ⛁，查看其属性栏，如图 3-36 所示。

图 3-36

下面对其中的选项进行介绍。

- 填充选项：在该下拉列表中可设置填充状态，包括"使用默认值""指定"和"无填充"选项。
- 填充色：在该下拉列表框中可设置预定的颜色，也可自定义颜色进行填充。
- 轮廓选项：在该下拉列表框中可对填充对象的轮廓属性进行设置，也可不添加填充时对象轮廓。
- 轮廓宽度：在该下拉列表框中可设置填充对象时添加的轮廓宽度。
- 轮廓色：在该下拉列表框中可设置填充对象时添加的轮廓的颜色。

■ 3.1.4 交互式填充

利用交互式填充工具可对对象进行任意角度的渐变填充。使用该工具及其属性栏，可以完成在对象中添加各种类型的填充。

创建一个图形，如图 3-37 所示。单击"交互式填充"工具，通过设置"起始填充色"和"结束填充色"下拉列表框中的颜色和拖动填充控制线及中心控制点的位置，可随意调整填充颜色的渐变效果，如图 3-38 所示。

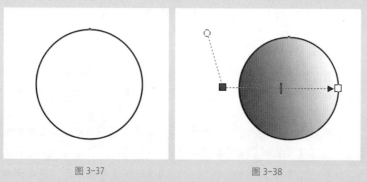

图 3-37   图 3-38

■ 3.1.5 网状填充

利用网状填充工具可以创建复杂多变的网状填充效果，同时还可以将每一个网点填充上不同的颜色并定义颜色的扭曲方向。网状填充是通过调整网状网格中的多种颜色来填充对象。使用贝塞尔工具绘制一片花瓣，然后使用网状填充调整颜色，最后绘制出剩余花瓣，如图 3-39、图 3-40 所示。

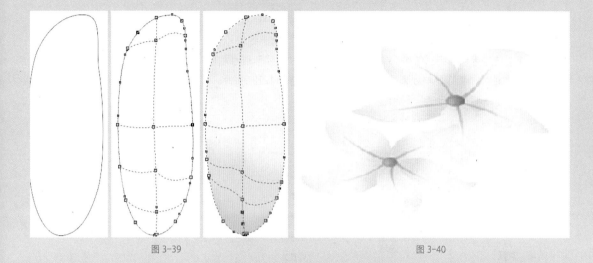

图 3-39   图 3-40

3.1.6 颜色滴管工具

颜色滴管工具主要应用于吸取画面中图形的颜色,包括桌面颜色、页面颜色、位图图像颜色和矢量图形颜色。单击颜色吸管工具,可查看属性栏,如图 3-41 所示。

图 3-41

下面分别对相关选项进行介绍。

- "选择颜色"按钮:默认情况下选择该按钮,此时可从文档窗口进行颜色选取样。
- "应用颜色"按钮:应用该按钮可将所选颜色直接应用到对象上。
- "从桌面选择"按钮:应用该按钮可对应用程序外的对象进行颜色取样。
- "1×1"按钮 ：应用该按钮表示对单像素颜色取样。
- "2×2"按钮 ：应用该按钮表示对 2×2 像素区域中的平均颜色值进行取样。
- "5×5"按钮 ：应用该按钮表示对 5×5 像素区域中的平均颜色值进行取样。
- "添加到调色板"按钮:应用该按钮表示将该颜色添加到文档调色板中。

3.1.7 属性滴管工具

属性滴管工具与颜色滴管工具同时收录在滴管工作组中,这两个工具有类似之处。属性滴管工具用于取样对象的属性、变换效果和特殊效果,并将其应用到执行对象中。单击属性滴管工具 ✎ ,显示属性栏,分别单击"属性""变换""效果"按钮,可弹出与之相对应的面板。如图 3-42、图 3-43、图 3-44 所示。

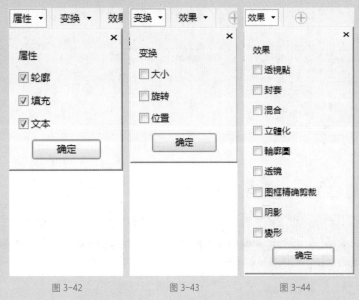

图 3-42　　　　　图 3-43　　　　　图 3-44

新建一个图形,对其颜色、轮廓宽度及颜色等相关属性进行设置,此时可使用其他工具绘制出另一个图形,以备使用。单击属性滴管工具 ✎ ,在图形对象上单击,此时在"属性"按钮下的面板中默认勾选了"轮廓""填充"和"文本"复选框,表示对图形对象的这些属性都进行了取样,如图 3-45 所示。此时将鼠标光标移动到另一个图像上,光标发生了变化,在图形对象上单击可将开始取样的样式应用到该图形对象上,如图 3-46 所示。

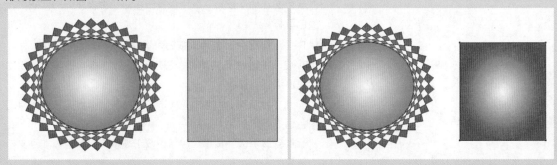

图 3-45　　　　　　　　　　　　　　　图 3-46

3.2　精确设置填充颜色

精确填充设置，提供了更加多样的填充颜色的方式可以更加准确地填充图形颜色。

单击工具箱中的交互式填充工具 ◈，显示出该工具组中的工具，包括"均匀填充""渐变填充""图样填充""底纹填充""PostScript 填充""无填充"和"颜色泊坞窗"。

■ 3.2.1　均匀填充

填充工具用于填充对象的颜色、图样和底纹等，也可取消对象填充内容。

在未选择任何对象的情况下，选择填充工具填充样式后，可弹出"均匀填充"对话框。询问填充的对象是"图形""艺术效果"还是"段落文本"，勾选相应的复选框，单击"确定"按钮，在选项栏中双击"编辑填充"按钮，或按 Shift+F11 组合键打开"编辑填充"对话框，设置颜色，如图 3-47 所示。设置完成后单击"确定"按钮，在之后所绘制的图形或输入的文本中将直接填充该颜色。

图 3-47

■ 3.2.2　渐变填充

单击交互式填充工具 ◈，在选项栏中双击"编辑填充"按钮或按下F11 键，打开"编辑填充"对话框，选择"渐变填充"样式，如图 3-48 所示。

提供了"线性渐变填充""椭圆形渐变填充""圆锥形渐变填充"和"矩形渐变填充" 4 种渐变样式。

在渐变条上方双击可直接增加渐变色块，再次双击即可删除色块，选择渐变色块，在渐变条下方可设置色块颜色，如图 3-49 所示。

图 3-48

图 3-49

例如，在图像中选择需要执行渐变填充的图形对象，如图 3-50 所示。按 F11 键，打开"渐变填充"对话框，在"类型"下方选择"圆锥形渐变填充"选项，在渐变条设置渐变色块颜色，单击"确定"按钮，添加渐变填充效果，如图 3-51 所示。

图 3-50

图 3-51

3.2.3　图样填充

　　图样填充是将 CorelDRAW 软件自带的图样进行反复的排列，并运用到填充对象中。单击交互式填充工具 🖌，弹出的面板中选择"编辑填充"选项，打开"编辑填充"对话框，其中提供了"向量""位图"和"双色"3 种填充方式 ▦ ▨ ▯，如图 3-52、图 3-53、图 3-54 所示分别为选择不同填充方式的对话框效果。

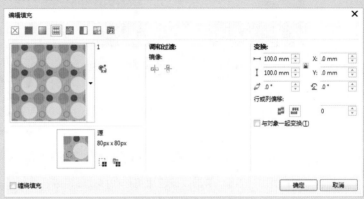

图 3-52

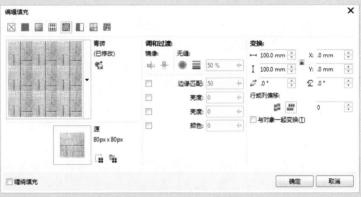

图 3-53

图 3-54

- "填充挑选器"下拉列表框：单击图样样式旁的下拉按钮，在打开的"填充"选择框中可对图样样式进行选择，这些样式都是 CorelDRAW 自带的。如图 3-55、图 3-56、图 3-57 所示分别为不同填充样式下的图形样式效果。

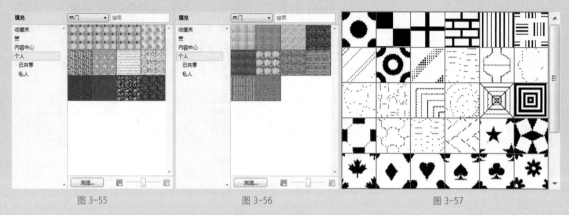

图 3-55　　　　　　　　　　图 3-56　　　　　　　　　　图 3-57

- "另存为新"按钮：单击该按钮可将选中样式储存或共享。
- "来自工作区的新源"按钮：单击该按钮可在工作区中选择需要平铺的"填充样式"。
- "来自文件的新源"按钮：单击该按钮可打开"导入"对话框，从中可将用户自定义的样图导入。
- 单击该按钮可将在"图样样式"选择框中选择的样式删除。
- "创建"按钮：单击该按钮可打开"双色图案编辑"对话框，在其中可自定义双色图样的图案样式。
- "调和过渡"复选框：勾选该选项，可在一幅图像的右边添加一个镜像的图样，并按照此顺序排列。
- "变换"：在对图形进行图样填充后，可改变填充样式的大小。

■ 3.2.4　底纹填充

使用底纹填充可让填充的图形对象具有丰富的底纹样式和颜色效果。在执行底纹填充操作时，首先应选择需要执行底纹填充的图形对象，如图 3-58 所示。单击交互式填充工具 ◇，在控制栏中单击"编辑填充"选项，打开"编辑填充"对话框，选择"底纹填充" ▦ 选项。在"底纹列表"框中选择一个底纹样式，在预览框中可对底纹效果进行预览。

此外，还可对底纹的密度、亮度以及色调进行调整，完成后单击"确定"按钮，即可看到图形填充了相应底纹后的效果，如图 3-59 所示。

图 3-58   图 3-59

3.2.5　PostScript 填充

　　PostScript 填充是集合了众多纹理选项的填充方式，单击交互式填充工具 ◇，在控制栏中单击 "编辑填充" 选项，打开 "编辑填充" 对话框，选择 "底纹填充" ▨ 选项，如图 3-60 所示。在该对话框中可选择各种不同的底纹填充样式，并可对相应底纹的频度、行宽和间距等参数进行设置。

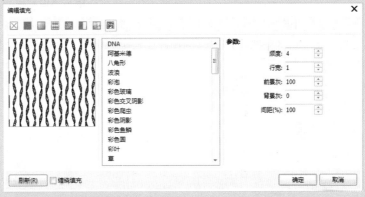

图 3-60

3.3　填充对象轮廓颜色

　　图形的轮廓线的填充和编辑是作图过程中很重要的一部分。在 CorelDRAW X7 中，绘制图形时以默认的 0.2mm 的黑色线条为轮廓颜色。此时可通过应用轮廓笔工具的相关选项，对图形的轮廓线进行填充和编辑，以丰富图形对象的轮廓效果。

3.3.1　轮廓笔

　　轮廓笔工具主要用于调整图形对象的轮廓宽度、颜色以及样式等属性。单击轮廓笔工具框，在弹出的面板中显示出用于调整轮廓状态的相关选项，如图 3-61 所示。选择"无轮廓"选项可删除轮廓线，选择"轮廓笔"或其他参数选项可直接调整当前轮廓的状态。默认情况下的轮廓效果和设置轮廓为 2mm 后的轮廓效果分别如图 3-62、图 3-63 所示。

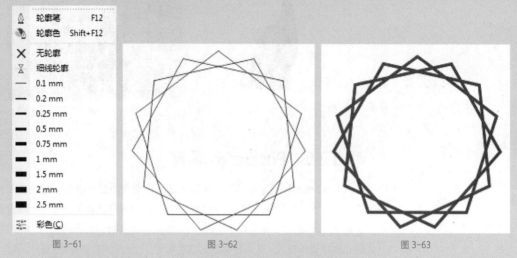

图 3-61   图 3-62   图 3-63

在图形的绘制和操作中，对图形对象轮廓属性的相关设置都可在"轮廓笔"对话框中进行。选择"轮廓笔"选项或按 F12 键，打开"轮廓笔"对话框，如图 3-64 所示。下面对其中一些选项进行介绍。

图 3-64

- 颜色：默认情况下，轮廓线颜色为黑色。单击该下拉按钮，在弹出的颜色面板中可以选择轮廓线的颜色。若这些颜色不能满足需求，可单击"其他"按钮，在打开的"选择颜色"对话框中选择颜色。
- 宽度：在该下拉列表框中可设置轮廓线的宽度，同时还可对其单位进行调整。
- 样式：单击该下拉按钮，在打开的下拉菜单中可设置轮廓线的样式，有实线和虚线以及点状线等多种样式。

- 角：选择相应的选项可设置图形对象轮廓线拐角处的显示样式。
- 线条端头：选择相应的选项可设置图形对象轮廓线端头处的显示样式。
- 箭头：单击其下拉按钮，可在打开的下拉菜单中设置闭合的曲线线条起点和终点处的箭头样式。
- 书法：可在"展开"和"角度"数值框中设置轮廓线笔尖的宽度和倾斜角度。
- 填充之后：勾选该选项后，轮廓线的显示方式调整到当前对象的后面显示。
- 随对象缩放：勾选该选项后，轮廓线会随着图形大小的改变而改变。

3.3.2 设置轮廓线颜色和样式

在认识了"轮廓笔"对话框后，可对图形轮廓线的颜色和样式进行调整。操作方法如下：

选择的图形对象如图 3-65 所示，按 F12 键打开"轮廓笔"对话框，对其中的"颜色""宽度"以及"样式"选项进行设置，如图 3-66 所示，单击"确定"按钮。完成后结合属性滴管工具，快速为其他线条图形应用相同的轮廓设置，如图 3-67 所示。

图 3-65   图 3-66   图 3-67

轮廓线不仅针对图形对象存在，同时也针对绘制的曲线线条。在绘制有指向性的曲线线条时，有时会需要对其添加合适的箭头样式。新版本中自带了多种箭头样式，可根据需要设置不同的箭头样式。

利用钢笔工具绘制未闭合的曲线线段，如图 3-68 所示。单击轮廓工具，在弹出的面板中单击选择"轮廓笔"选项，打开"轮廓笔"对话框。为了让箭头效果明显，可先设置线条的"颜色""宽度"和"样式"，然后分别在"起点和终点箭头样式"下拉列表框中设置线条的箭头样式，完成后单击"确定"按钮，此时的曲线线条变成了带有样式的箭头线条效果，如图 3-69 所示。

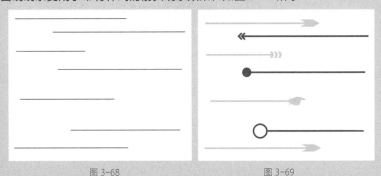

图 3-68   图 3-69

自己练 PRACTICE YOURSELF

■ 项目练习　邀请函的设计与制作

项目背景

　　某单位为其城市举办的民俗文化节制作一张邀请函。

项目要求

　　要求整体设计风格具有艺术气息，充分展示其设计感，排版内容要正规，信息展示要准确、全面。

项目分析

　　封面设计要传达邀请函的主题，内容不可过于混乱、繁多，简单的字体设计加上图形、图案的搭配与设计即可；邀请函背面除通过绘制直线制作背景图案，还需使用文字工具输入关于民俗文化节的具体信息，如举办时间、地址、举办单位等，这些要素都是必不可少的，且邀请函的正反面风格要统一。

项目效果

图 3-70

课时安排

2 课时

CHAPTER 04
制作网页广告
——对象的编辑详解

本章概述 OVERVIEW

本章以图形对象为载体，分别从图形对象的基本操作、变换、编辑与组织3个方面进行介绍，同时介绍如何使用工具和相关命令编辑对象，扩展知识内容。

■ 核心知识
图形对象的基本操作 ★
使用工具编辑图形对象的操作 ★ ★
变换图形对象的相关操作 ★ ★ ★

网页广告

跟我学 LEARN
WITH ME

■ 宠物网页广告的设计与制作

作品描述：页面广告是指在视频点播各页面中放置的各种形式的链接广告，包括 Banner 型、Flash、文字链接型等类型的广告，也包括横幅标牌式广告、标识广告、按钮式广告、墙纸式广告等。下面将对制作宠物网页广告的过程展开详细介绍。

实现过程

STEP 01 打开 CorelDRAW 软件，执行"文件"|"新建"命令，在打开的"创建新文档"对话框中设置参数，如图 4-1 所示。

STEP 02 双击工具箱中的矩形工具，绘制和绘图区相同大小的矩形，如图 4-2 所示。

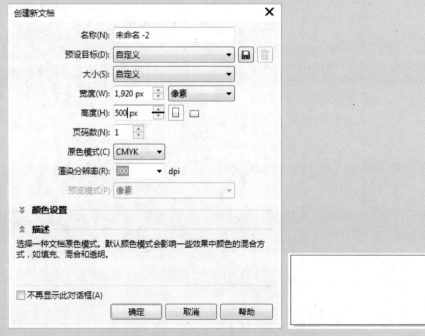

图 4-1　　　　　　　　　　　　　　　　　　图 4-2

STEP 03 按 Shift+F11 组合键，在打开的"编辑填充"对话框中设置填充颜色参数，并去除轮廓线，如图 4-3 所示。

STEP 04 使 用 矩 形 工 具 在 绘 图 区 右 侧 绘 制 一 个 尺 寸 为 318px×954px 的矩形，设置颜色为深蓝色，效果如图 4-4 所示。

图 4-3　　　　　　　　　　　　　　　　　　　　　　　图 4-4

STEP 05 在选中的状态下单击右侧矩形，将光标移动至矩形上方中间锚点处，向右拖动鼠标，对其进行变形，效果如图 4-5 所示。

STEP 06 选择工具箱中的透明度工具，在选项栏中设置其样式为透明度渐变，在矩形上绘制渐变控制线，效果如图 4-6 所示。

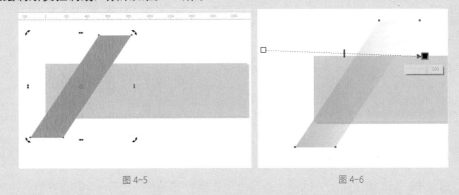

图 4-5　　　　　　　　　　　　　　　　　　　　　图 4-6

STEP 07 使用选择工具对位置进行调整，选中右上角矩形，单击鼠标右键拖动其至合适位置，效果如图 4-7 所示。

STEP 08 释放鼠标，此时弹出提示框，选择"复制"命令，如图 4-8 所示。

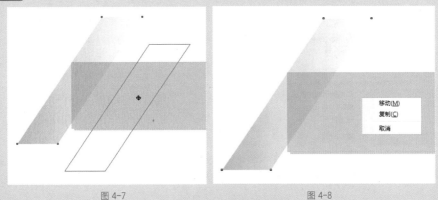

图 4-7　　　　　　　　　　　　　　　　　　　　　图 4-8

STEP 09 复制效果如图 4-9 所示。选择透明度工具，选中左侧控制点，设置参数为46，设置右侧控制点的参数为 92，效果如图 4-10 所示。

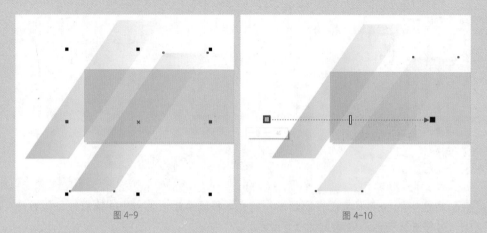

图 4-9   图 4-10

STEP 10 按 Shift 键选中左侧 2 个矩形，按 Ctrl+C、Ctrl+V 组合键，复制并粘贴，使用选择工具将其移动至合适位置，效果如图 4-11 所示。

STEP 11 双击工具箱中的矩形工具，绘制和绘图区相同大小的矩形，效果如图 4-12 所示。

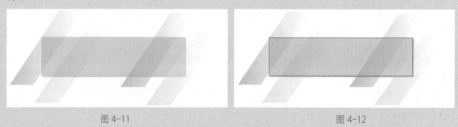

图 4-11   图 4-12

STEP 12 按 Shift 键选中上方的 4 个矩形，单击鼠标右键执行 "PowerClip 内部" 命令，如图 4-13 所示。

STEP 13 当光标变为黑色箭头时，单击最上方矩形，将其置入背景矩形内部，效果如图 4-14 所示。

图 4-13   图 4-14

STEP 14 右击调色板中 "无" 色块，将矩形轮廓线去除，效果如图 4-15 所示。

STEP 15 选择工具箱中的椭圆形工具，在绘图区绘制一个尺寸为 1177mm×1307mm 的椭圆形，效果如图 4-16 所示。

图 4-15   图 4-16

STEP 16 执行"窗口"|"泊坞窗"|"对齐与分布"命令，设置其与页面中心"水平居中对齐"，如图 4-17 所示。效果如图 4-18 所示。

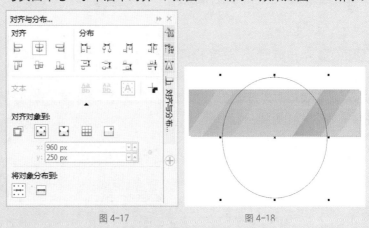

图 4-17   图 4-18

STEP 17 按 Shift+F11 组合键，在打开的"编辑填充"对话框中设置其填色参数，如图 4-19 所示。

图 4-19

STEP 18 单击"确定"按钮，填充颜色，在调色板中"无"色块上单击鼠标右键，去除轮廓线，效果如图 4-20 所示。

STEP 19 按 Ctrl+C、Ctrl+V 组合键，复制并粘贴椭圆形，按 Shift+F11 组合键，在打开的"编辑填充"对话框中设置填充参数，如图 4-21 所示。

STEP 20 单击"确定"按钮，效果如图 4-22 所示。

图 4-20　　　　　　　　　　图 4-21　　　　　　　　　　图 4-22

STEP 21 单击椭圆形，将光标移动至四角的任意一处控制点，对齐进行缩小，调整位置，效果如图 4-23 所示。

STEP 22 使用同样方法绘制、复制、粘贴椭圆形并改变其颜色，效果如图 4-24 所示。

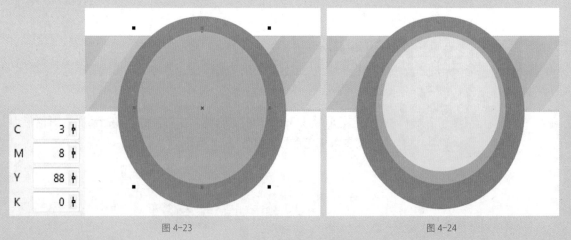

图 4-23　　　　　　　　　　图 4-24

STEP 23 选择工具箱中的钢笔工具，绘制图形路径，如图 4-25 所示。

STEP 24 填充颜色为深黄色（C：2，M：17，Y：81，K：0），并去除轮廓线，效果如图 4-26 所示。

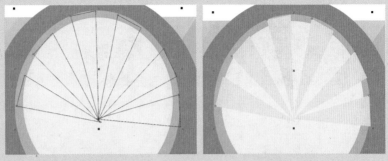

图 4-25   图 4-26

STEP 25 使用选择工具，按 Shift 键将绘制的不规则图形全部选中，单击鼠标右键执行"PowerClip 内部"命令，将其置入下方椭圆形中，效果如图 4-27 所示。

STEP 26 使用绘制区域的选择方法选中绘图区中的 3 个椭圆，如图 4-28 所示。

图 4-27   图 4-28

STEP 27 使用同样方法，并将其置入下方矩形中，效果如图 4-29 所示。

图 4-29

STEP 28 选择工具箱中的椭圆形工具，绘制云的形状，效果如图 4-30 所示。

STEP 29 设置颜色为白色并去除轮廓线，将其置入下方矩形中，效果如图 4-31 所示。

图 4-30

图 4-31

STEP 30　继续使用同样方法绘制云彩形状，设置颜色为白色，效果如图 4-32 所示。

STEP 31　选择工具箱中的矩形工具，设置圆角，将其转换为圆角矩形，效果如图 4-33 所示。

图 4-32　　　　　　　　　　图 4-33

STEP 32　取消轮廓颜色，按 Ctrl+G 组合键将其编组，并复制粘贴至其他位置，改变大小，效果如图 4-34 所示。

图 4-34

STEP 33　使用文字工具在绘图区输入文字"吃"，设置字体为方正大黑简体，字号为 112pt，字体颜色为枚红色，效果如图 4-35 所示。

STEP 34 使用矩形工具，在文字中间位置绘制 1 个尺寸为 472mm×145mm 的矩形，效果如图 4-36 所示。

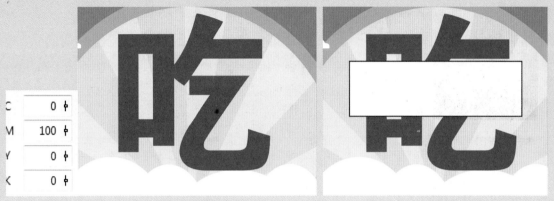

图 4-35   图 4-36

STEP 35 按 Shift 键加选下方文字，执行"对象"|"造型"|"移除前面对象"命令，效果如图 4-37 所示。

STEP 36 执行"文件"|"导入"命令，导入素材文件"狗狗.png"文件，调整大小与位置，效果如图 4-38 所示。

图 4-37   图 4-38

STEP 37 使用文字工具，在狗狗旁边输入宣传文字，设置字体为文鼎中特广告体，字号为 11pt，字体颜色为褐色，如图 4-39、图 4-40 所示。

图 4-39

图 4-40

STEP 38 继续置入其他素材，最终完成效果如图 4-41 所示。

图 4-41

4.1 图形对象的基本操作

图形对象指的是在 CorelDRAW 的页面或工作区中进行绘制或编辑操作的图形，它是 CorelDRAW X7 的灵魂载体。图形对象的基本操作包括复制对象、剪切与粘贴对象、再制对象、步长和重复操作等。

■ 4.1.1 复制对象

复制对象的常见方法包括以下 3 种。

1) 命令复制对象

使用"选择工具"单击需要进行复制的图形对象，执行"编辑"|"复制"命令，再执行"编辑"|"粘贴"命令，即可在原有位置上复制出一个完全相同的图形对象。

2) 快捷键复制对象

选择图形对象后按 Ctrl+C 组合键对图像进行复制，然后按 Ctrl+V 组合键，对复制的对象进行原位粘贴。

3) 鼠标左键复制对象

这是最常使用和最为快捷的复制图形对象的方法。选择图形对象，如图 4-42 所示。按住鼠标左键不放，拖动对象到页面其他位置，如图 4-43 所示。此时单击鼠标右键即可复制该图形对象，如图 4-44 所示。

> **操作技能**
>
> 拖动对象时按住 shift 键，可在水平和垂直方向上移动或复制对象。当然，选择图形对象后在键盘上按下＋键，也可在原位快速复制出图形对象，连续按下＋键即可在原位复制出多个相同的图形对象。

图 4-42

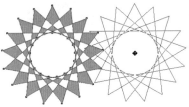

图 4-43

图 4-44

■ 4.1.2 剪切与粘贴对象

为了更方便地对图形对象进行操作，一般将剪切和复制图形对象的操作结合使用。

剪切对象的操作方法如下：

方法 1：在对象上右击，在打开的菜单中执行"剪切"命令即可。

方法 2：选择图形对象后按 Ctrl+X 组合键，即可将对象剪切到剪贴板中。

粘贴图形对象同其他应用程序一样，只需按 Ctrl+V 组合键。需要注意的是，剪切对象和粘贴对象可在不同的图形文件之间或不同的页面之间进行，以方便对图形内容的快速运用。

■ 4.1.3　再制对象

在 CorelDRAW X7 中，再制对象与复制相似。不同的是，再制对象是直接将图形对象副本放置到绘图页面中，而不通过剪切板进行中转，所以不需要进行粘贴。再制的图形对象不是直接出现在图形对象的原来位置，而是与初始位置之间有一个默认的水平或垂直的位移。

再制图形对象可通过菜单命令实现。使用选择工具选择需要进行再制的图形对象，执行"编辑"|"再制"命令或按 Ctrl+D 组合键，即可在原图形对象的右上角方向再制出一个与原图形对象完全相同的图形，如图 4-45、图 4-46 所示。

> **操作技能**
>
> 再制图形对象还有另一种方法，选择图形对象后按住鼠标右键拖动图形，到达合适的位置后释放鼠标，此时自动弹出快捷键菜单，执行"复制"命令即可。

图 4-45

图 4-46

■ 4.1.4　认识"步长和重复"泊坞窗

在实际运用中，还会遇到需要精确地对图形对象进行再制操作，此时可借助"步长和重复"泊坞窗快速复制出多个有一定规律的图形对象，对图形对象进行编辑操作。执行"编辑"|"步长和重复"命令，或按 Ctrl+Shift+D 组合键，即可在绘图页面右侧显示"步长和重复"泊坞窗。如图 4-47、图 4-48 所示为设置水平偏移 20mm，垂直偏移 10mm，偏移份数为 5 的效果。

图 4-47

选择图形对象后，可同时对水平和垂直方向进行设置，提高操作速度。

图 4-48

4.2　图形对象的变换

在 CorelDRAW X7 中，图形对象的变换操作包括镜像对象、对象的自由变换、对象的精确变换、对象的造型等。掌握图形对象的变换操作可以让图形对象更加灵活多变，从而符合更多的需求环境。

4.2.1　镜像对象

镜像对象是指快速对图形对象进行对称操作，可分为水平镜像和垂直镜像。水平镜像是图形沿垂直方向的直线做 180 度旋转操作，快

速得到水平翻转的图像效果；垂直镜像是图形沿水平方向的直线做 180
度旋转操作，得到上下翻转的图像效果。镜像图形对象的操作方法比
较简单，只需选择需要调整的图形对象，然后在属性栏中单击"水平
镜像"按钮或"垂直镜像"按钮即可执行相应的操作。如图 4-49、图 4-50
所示，分别为原图形和通过垂直镜像复制后的图形对比效果。

图 4-49　　　　　　　　　　　　　　　图 4-50

■ 4.2.2　图形对象的自由变换

　　图形对象的自由变换可通过两种方式实现，其一通过直接旋转变
换图形对象；其二是通过自由变换工具对图形对象进行自由旋转、镜像、
调节、扭曲等操作。下面将对其操作进行详细介绍。

1. 直接旋转图形对象

　　在 CorelDRAW X7 中可通过直接旋转图形对象进行变换。这个操
作有两个实现途径，一种是使用选择工具选择图形对象后，在选择工
具属性栏的"旋转角度"文本框中输入相应的数值，按 Enter 键确认旋转。

　　另一种方法是选择图形对象后再次单击该对象，此时在对象周围
出现旋转控制点，如图 4-51 所示。将鼠标光标移动到控制点上，单击
并拖动鼠标，此时在页面中会出现以蓝色线条显示的图形对象的线框
效果，如图 4-52 所示。当调整到合适的位置后释放鼠标，图形对象会
发生相应的变化，如图 4-53 所示。

2. 使用工具自由变换对象

　　使用自由变换工具，对图形对象进行自由旋转、自由镜像、自由
调节、自由扭曲等操作。单击"图形"│"自由变换"工具，查看属性栏，
如图 4-54 所示。

图 4-51

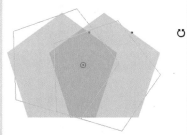

图 4-52

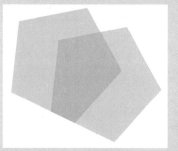

图 4-53

图 4-54

图形对象的缩放即对图形进行放大或缩小操作，其方法是单击选择工具，选择需要缩放的图形对象后将鼠标光标移动到对角的黑色控制点上，单击并向下拖动图像到合适的位置后释放鼠标即可。

下面分别对其中一些常用工具按钮进行介绍。

● 自由旋转工具 ↻：利用该工具，在图形上任意位置单击定位旋转中心点，拖动鼠标，此时显示出蓝色的线框图形，待到旋转到合适的位置后释放鼠标，即可让图形沿中心点进行任意角度的自由旋转。

● 自由角度反射工具 ⟲：选择该工具，在图形上任意位置单击定位镜像中心点，拖动鼠标即可让图形沿中心点进行任意角度的自由镜像图形。需要注意的是，该工具一般结合"应用到再制"按钮使用，可以快速复制出想要的镜像图形效果。

● 自由缩放工具 ⬒：该工具与"自由角度反射工具"相似，一般与"应用到再制"按钮结合使用。

● 自由倾斜工具 ✐：选择该工具，在图形上任意位置单击定位扭曲中心点，拖动鼠标调整图形对象。

● "应用到再制"按钮 ✂：单击该按钮，对图形对象执行旋转等相关操作的同时会自动生成一个新的图形，这个图形即变换后的图形，而原图形保持不动。如图 4-55、图 4-56、图 4-57 所示为旋转 450 度后再制生成的图形效果。

图 4-55

图 4-56

图 4-57

4.2.3　图形对象的精确变换

图形对象的精确变换是指在保证图形对象精确度不变的情况下，精确控制图形对象在整个绘图页面中的位置、大小以及旋转的角度等因素。实现图形对象的精确变换有两种方法，下面分别进行介绍。

1. 使用属性栏变换图形对象

使用选择工具选择图形对象，查看属性栏，如图 4-58 所示。

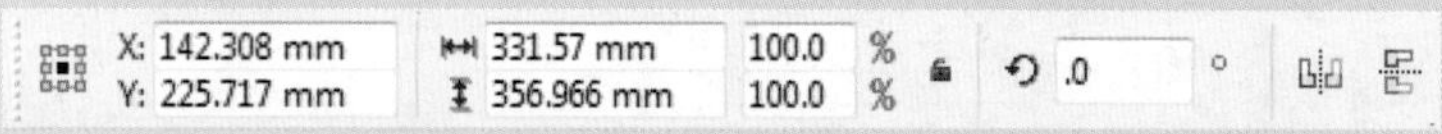

图 4-58

在选择工具属性栏中的对象位置、对象大小、缩放因子和旋转角度数值框中输入相应的数值，对图形对象进行变换。单击旁边的"锁定比率"按钮，可对比率进行锁定。

需要注意的是，若是针对矩形图形，可以结合"圆角 / 扇形角 / 倒棱角"泊坞窗进行调整，这也是 CorelDRAW X7 版本的新增功能。选择矩形图形后，在"圆角"|"扇形角"|"倒棱角"泊坞窗中选择调整的样式，有圆角、扇形角和倒棱角 3 种，如图 4-59 所示。设置半径，出现蓝色的线条效果，如图 4-60 所示。单击"应用"按钮，调整矩形形状，如图 4-61 所示。

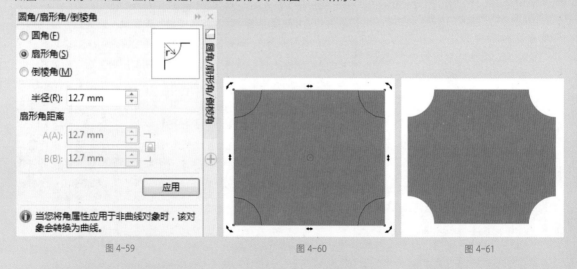

图 4-59　　　　　　　　图 4-60　　　　　　　　图 4-61

2. 使用"变换"泊坞窗变换图形对象

执行"窗口"|"泊坞窗"|"变换"|"位置"命令，或按 Alt+F7 组合键打开"变换"泊坞窗，如图 4-62 所示。默认情况下，打开的"变换"泊坞窗位于绘图区右侧颜色板的旁边，此时还可拖动泊坞窗使其成为一个单独的浮动面板。分别单击位置、旋转、缩放和镜像、大小和倾斜按钮，可切换到不同的面板，调整图形对象的位置、旋转、缩放和镜像、大小、倾斜等效果。

图 4-62

4.2.4 对象的造型

图形对象的变换包括图形对象的造型，通过两种图形快速进行图形的特殊造型。执行"窗口"|"泊坞窗"|"造型"命令，如图 4-63 所示。在"造型"泊坞窗的"造型"下拉列表框中提供了焊接、修剪、相交、简化、移除后面对象、移除前面对象、边界 7 种造型方式，在其下的窗口中可预览造型效果，如图 4-64 所示。

图 4-63   图 4-64

下面分别对对象的焊接、修剪、相交、简化、边界等造型功能进行介绍。

1. 焊接对象

焊接对象即将两个或多个对象合为一个对象。焊接对象的操作方法如下：

选择一个图形对象，适当调整对象位置以满足图形要求，如图 4-65 所示。打开"造型"泊坞窗，选择"焊接"选项，单击"焊接到"按钮，将鼠标光标移动到页面中。当光标变为焊接形状时，在另一个对象上单击，即可将两个对象焊接为一个对象。完成焊接操作后，可以看到在焊接图形对象的同时，也为新图形对象运用了原图形对象的属性和样式，如图 4-66 所示。

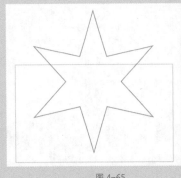

图 4-65   图 4-66

2．修剪对象

修剪对象即用一个对象的形状去修剪另一个形状，在修剪过程中仅删除两个对象重叠的部分，而不改变对象的填充和轮廓属性。修剪对象的操作方法如下：

选择一个图形对象，如图 4-67 所示。在"造型"泊坞窗中选择"修剪"选项，单击"修剪"按钮，将鼠标光标移动到页面中，当光标变为 形状时，在另一个对象上单击，即可完成修剪，如图 4-68 所示。

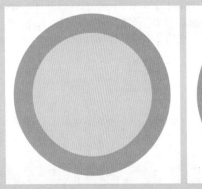

图 4-67   图 4-68

3. 相交对象

相交对象即使两个对象的重叠相交区域成为一个单独的对象图形。相交对象的操作方法如下：

选择一个图形对象如图 4-69 所示，在"造型"泊坞窗中选择"相交"选项，单击"相交对象"按钮，将鼠标光标移动到页面中。当光标变为 形状时，在另一个对象上单击，即可创建出这两个图形相交的区域形成的图形，如图 4-70 所示。

需要注意的是，若使用选择工具选择这个新图形，将其移动到页面的其他位置，即可显示原来的图形效果。

图 4-69　　　　　　　　　　　　　　　　　图 4-70

4. 简化对象

简化对象是修剪操作的快速方式，即沿两个对象的重叠区域进行修剪。简化对象的操作方法如下：

打开一个图形对象，，如图 4-71 所示。同时框选这两个图形对象，在"造型"泊坞窗中选择"简化"选项，单击"应用"按钮即可。完成简化后，使用选择工具移动圆形，如图 4-72 所示。

图 4-71　　　　　　　　　　　　　　　　　图 4-72

5. 边界

使用边界可以快速将图形对象转换为闭合的形状路径。执行边界的操作方法如下：

选择图形对象后，在"造型"泊坞窗中选择"边界"选项，单击"应用"按钮，即可将图形对象转换为形状路径。如图 4-73、图 4-74 所示，分别为边界前和边界后的图形效果。

需要说明的是，若不勾选任何复选框，则是直接将图形替换为形状路径。若勾选"保留原对象"复选框，则是在原有图形的基础上生成一个相同的形状路径，使用选择工具移动图形，即可让形状路径单独显示。

图 4-73

图 4-74

4.3 图形对象的编辑与组织

在掌握了图形对象的基本操作和变换等相关操作后,这里针对使用工具对图形对象的简易编辑进行介绍,这些工具包括形状工具、涂抹工具、粗糙笔刷工具、裁剪工具、刻刀工具和橡皮擦等工具。

■ 4.3.1 形状工具

在对曲线对象进行编辑时,针对其节点的操作大多可通过形状工具属性栏中的按钮来进行,将图形对象转换为曲线对象后,才能激活形状工具的属性栏,下面对常用按钮及其功能进行介绍。

- 添加节点:单击该按钮表示可在图形对象原有的节点上添加新的节点。
- 删除节点:单击该按钮表示将图形对象上多余或不需要的节点删除。
- 连接两个节点:单击该按钮即可将曲线上两个分开的节点连接起来,使其成为一条闭合的曲线。
- 断开曲线:单击该按钮即可将闭合曲线上的节点断开,形成两个节点。
- 尖突节点:单击该按钮即可将节点变为尖突。
- 平滑节点:单击该按钮即可将尖突的节点变为平滑的节点。

1)添加和删除节点

图形对象上的节点是对图像形状的一个精确控制,将对象转换为曲线后单击形状工具。此时图形对象上出现节点,如图 4-75 所示,将鼠标光标移动到对象的节点上,双击节点即可删除该节点。此时也可单击节点,然后在属性栏中单击“删除节点”按钮,删除节点。删除节点后改变了图形的形状,如图 4-76 所示。

此外,在图形上没有节点处双击或单击属性栏中的“添加节点”按钮,也可添加节点,以改变图形形状,如图 4-77 所示。

图 4-75   图 4-76   图 4-77

2）分割和连接曲线

若要在使用曲线绘制的图形上填充颜色，则需要将断开的曲线连接起来，而有时为了方便进行编辑，也可以将连接的曲线进行分割操作，以便对其进行分别调整。在连接节点时需注意，应先同时选择需要连接的两个节点，然后单击属性栏中的"两节两个节点"按钮。分割曲线则是右击节点，在弹出的快捷菜单中选择"拆分"命令。

3）调整节点的尖突与平滑

调整节点的尖突与平滑可以从细微处快速调整图像的形状。方法与其他调整相似，只需选择需要调整的节点，在属性栏中单击"尖突节点"按钮或"平滑节点"按钮，即可执行相应的操作。

4.3.2 涂抹工具

使用涂抹工具可以快速对图形进行任意的修改。涂抹工具的使用方法如下：

选择一个图形对象，如图 4-78 所示。单击涂抹工具 ，在其属性栏的"笔尖大小""水分浓度""斜移""方位"数值框中设置相应参数。然后在图像中从内向外拖动，为图形添加笔刷涂抹部分，并以图形的相同颜色进行自动填充，如图 4-79 所示。若从外向内拖动，则可删除笔刷涂抹的部分，如图 4-80 所示。

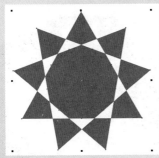

图 4-78   图 4-79   图 4-80

4.3.3 粗糙笔刷工具

在 CorelDRAW X7 中，可以使用粗糙笔刷对图形平滑边缘进行粗糙处理，使其产生裂纹、破碎或撕边的效果。粗糙笔刷的使用方法如下：

选择一个图形对象，如图 4-81 所示。单击粗糙笔刷工具，在其属性栏的"笔尖大小""尖突频率""水分浓度""斜移"数值框中设置相应参数，然后将笔刷移动到图形上，在图形边缘处拖动，使其形成粗糙边缘的效果，如图 4-82 所示。

图 4-81

图 4-82

4.3.4 裁剪工具

使用裁剪工具可以将图片中不需要的部分删除，同时保留需要的图像区域。裁剪工具的使用方法如下：

单击裁剪工具，当鼠标光标变为形状时，在图像中单击并拖动裁剪控制框。此时框选部分为保留区域，颜色呈正常显示，框外部分为裁剪掉的区域，颜色呈反色显示，如图 4-83 所示。此时可在裁剪控制框内双击或按下 Enter 键确认裁剪，裁剪后得到的效果如图 4-84 所示。

图 4-83

图 4-84

◼ 4.3.5　刻刀工具

使用刻刀工具可对矢量图形或位图图像进行裁切操作，但值得注意的是，刻刀工具只能对单一图形对象进行操作。刻刀工具的使用方法如下。

单击刻刀工具 ✐，在属性栏中根据需要进行选择。然后在图像中对象的边缘位置单击并拖动鼠标，如图 4-85 所示，此时当刻刀图标到达图形的另一个边缘时，被裁剪的部分将自动闭合为一个单独的图形，此时还可使用选择工具移动被裁剪的图形，让裁剪效果更真实，如图 4-86 所示。

操作技能

"剪切时自动闭合"按钮 ✐，表示闭合分割对象形成的路径，此时分割后的图形成为一个单独的图像。

"边框"按钮 ▨，使用曲线工具时，显示或隐藏边框。

图 4-85

图 4-86

自己练 PRACTICE YOURSELF

■ 项目练习　女性用品网页广告的设计与制作

项目背景

　　为某产品网站主页设计一个如图 4-87 所示的网页广告，用于产品宣传，吸引消费者眼球，从而提高产品销售额。

项目要求

　　因消费群体偏向年轻人，因此设计要时尚，风格要轻松。

项目分析

　　根据产品纯天然这一特性，主打颜色使用绿色，在制作过程中主要使用的工具包括：贝塞尔工具、油漆桶工具、交互式阴影工具、文本工具等。通过绘制图形并调整填充颜色的方式制作背景基本效果，再添加人物位图、主题图形，最后排版文字，制作女性用品网页效果。

项目效果

图 4-87

课时安排

2 课时

CHAPTER 05
制作报纸版面
—— 文本详解

本章概述 OVERVIEW

本章主要介绍文本的相关知识，分别从文本的输入、文本格式的设置、文本的相关编辑操作以及文本的链接4个方面进行讲解，同时结合文本属性栏的两个格式化泊坞窗对文本设置的知识进行扩展。

■ 核心知识
输入文本的方法
文本格式的设置操作
认识链接文本

报纸版面的设计   首字下沉

跟我学 LEARN
WITH ME

■ 艺术报纸的设计与制作

作品描述：报纸是以刊载新闻和时事评论为主的定期向公众发行的印刷出版物，是大众传播的重要载体，主要用于传播信息。下面将对制作艺术报纸的过程展开详细介绍。

实现过程

1. 报纸版面框架构成

下面将介绍报纸版面框架的制作，主要使用矩形工具和"布局"工具栏。

STEP 01 打开 CorelDRAW 软件，执行"文件"|"新建"命令，在打开的"创建新文档"对话框中设置参数，如图 5-1 所示。

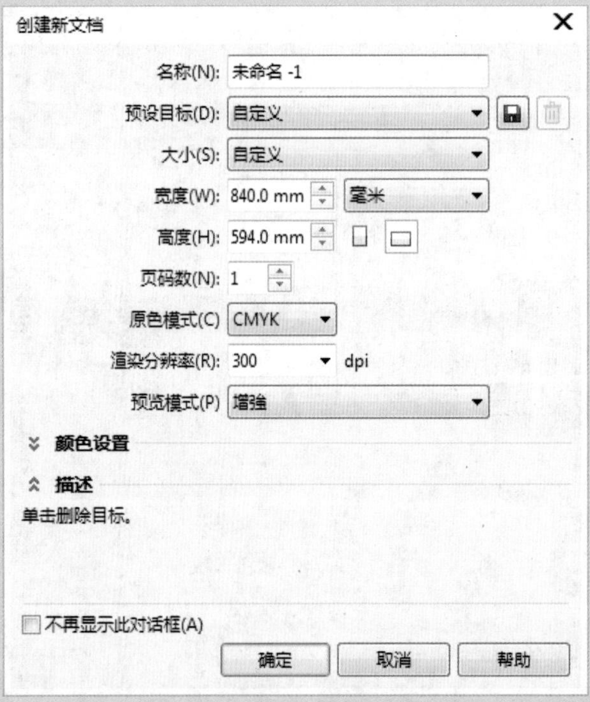

图 5-1

STEP 02 参考报纸的实际尺寸以及上下边距，绘制版心大小为 380mm×554mm，中缝距离为 40mm，使用矩形工具绘制版心矩形框，如图 5-2 所示。

图 5-2

STEP 03 将辅助线与版心线条对齐，如图 5-3 所示。

图 5-3

STEP 04 按 Delete 键，删除所有版心及中缝框架，效果如图 5-4 所示。

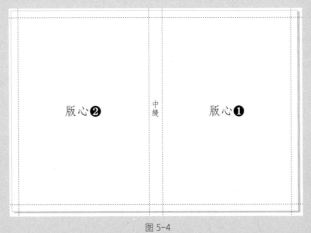

图 5-4

STEP 05 单击选中辅助线，右击调色板中的目标颜色，改变辅助线的颜色属性，如图 5-5 所示。

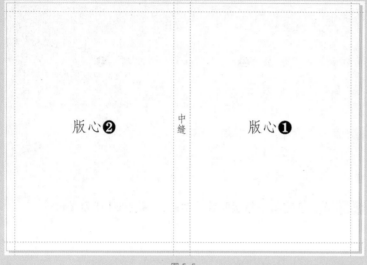

图 5-5

STEP 06 执行"窗口"|"工具栏"|"布局"命令，打开"布局"工具栏，如图 5-6 所示。

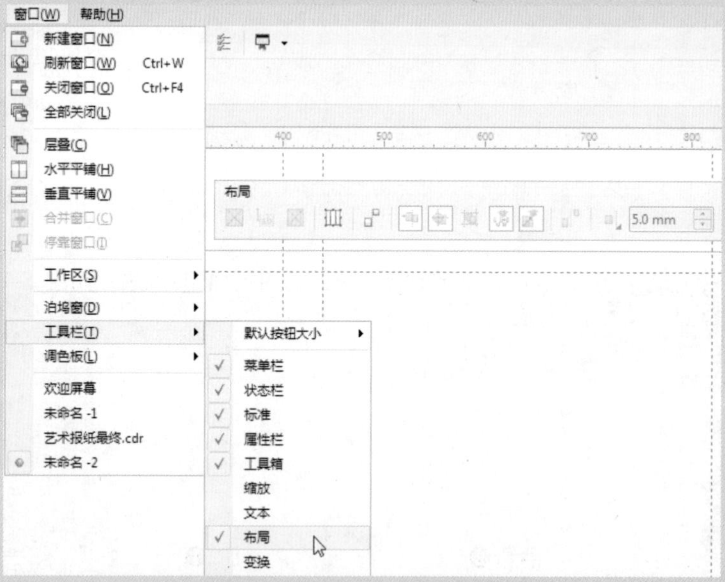

图 5-6

STEP 07 使用矩形工具并配合"布局"工具栏中的"PowerClip 图文框"功能，绘制版面框架结构，如图 5-7 所示。

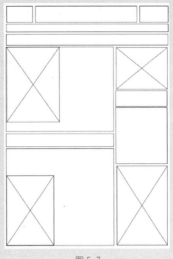

图 5-7

2. 报头设计

　　下面将讲解和制作报纸报头，主要使用的工具为文本工具、矩形工具，注意不要缺少报头内容。

STEP 01　使用文本工具输入报头主题，执行"窗口"|"泊坞窗"|"文本"|"文本属性"命令，打开"文本属性"面板，设置字体、字号，如图 5-8、图 5-9 所示。

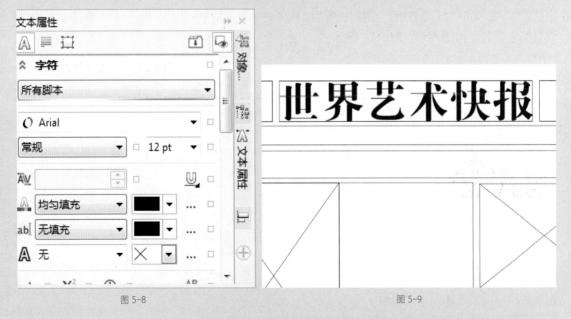

图 5-8　　　　　　　　　　　　　　　　　　　图 5-9

STEP 02　使用文本工具在其两侧输入报纸信息内容，如图 5-10 所示。

STEP 03 再次使用文本工具输入报纸期数，设置颜色为黄色，如图 5-11 所示。

图 5-10　　　　　　　　　　　　　　　　　图 5-11

STEP 04 选择工具箱中的矩形工具，在报纸主题文字下方绘制一个尺寸为 381mm×17.8mm 的矩形，如图 5-12 所示。

图 5-12

STEP 05 按 Shift+F11 组合键，在打开的"编辑填充"对话框中设置颜色参数，如图 5-13、图 5-14 所示。

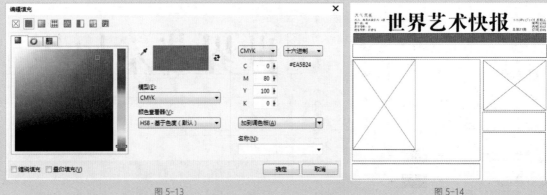

图 5-13　　　　　　　　　　　　　　　　　图 5-14

STEP 06 在调色板中的"无"色块上单击鼠标右键，去除矩形轮廓线颜色，效果如图 5-15 所示。

STEP 07 使用文本工具在矩形的上方输入英文信息，设置填色为白色，效果如图 5-16 所示。

图 5-15

图 5-16

STEP 08 执行"文件"|"导入"命令，导入素材文件"特别报道.png"图像，调整大小和位置，效果如图 5-17 所示。

图 5-17

3. 版心内容设计

下面将介绍版心内容的制作，主要使用段落文本框和"文本属性"泊坞窗的功能来制作完成。

STEP 01 选择工具箱中 2 点线工具，绘制两条直线，分别设置宽度为 1mm、2mm，颜色为黄色，效果如图 5-18 所示。

STEP 02 使用文字工具输入标题文字，设置字体类型和大小，效果如图 5-19 所示。

图 5-18　　　　　　　　　　图 5-19

STEP 03 执行"窗口"|"泊坞窗"|"对齐与分布"命令，在打开的"对齐与分布"面板中设置其与页面水平居中对齐，如图 5-20、图 5-21 所示。

图 5-20　　　　　　　　　　　　图 5-21

STEP 04 使用文本工具在标题两侧输入文本信息，设置字体、字号，并调整至合适位置，效果如图 5-22 所示。

STEP 05 使用同样方法绘制和制作其他文章标题，效果如图 5-23 所示。

图 5-22　　　　　　　　　　　　图 5-23

STEP 06 执行"文件"|"导入"命令，导入素材文件"米开朗基罗 .png"，如图 5-24 所示。

STEP 07 使用选择工具将图片拖动至中左上角 PowerClip 图文框上，效果如图 5-25 所示。

图 5-24

图 5-25

STEP 08 释放鼠标，此时图片自动置入矩形中，效果如图 5-26 所示。

STEP 09 单击鼠标右键，执行"PowerClip 内部"命令，调整矩形大小，效果如图 5-27 所示。

图 5-26

图 5-27

STEP 10 单击图片下方的"停止编辑内容"按钮，在调色板中"无"色块上单击鼠标右键，去除轮廓线颜色，效果如图 5-28 所示。

STEP 11 选中图片框架，在属性栏中单击文本换行下拉按钮，设置换行样式为"跨式文本"，如图 5-29 所示。

图 5-28

图 5-29

STEP 12 单击选中换行样式后，设置下方的"文本换行偏移"
为 5mm，如图 5-30 所示。

STEP 13 使用同样方法导入其他素材图片，调整其至合适位
"PowerClip 图文框"内部，并调整大小，效果如图 5-31 所示。

图 5-30   图 5-31

STEP 14 将左下角的图片设置换行样式为"跨式文本"，设置"文
本换行偏移"为 5mm，如图 5-32、图 5-33 所示。

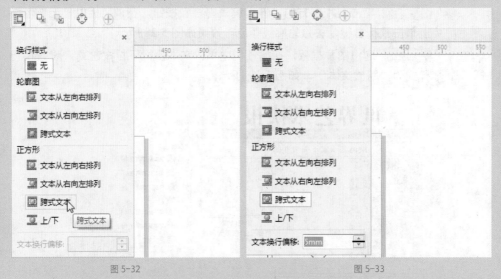

图 5-32   图 5-33

STEP 15 执行"文件"|"导入"命令，打开"导入"对话框，选择"米开朗基罗.txt"文档，如图5-34所示。

图 5-34

STEP 16 单击"导入"按钮，打开"导入/粘贴文本"对话框，选中"摒弃字体和格式"单选按钮，如图5-35所示。

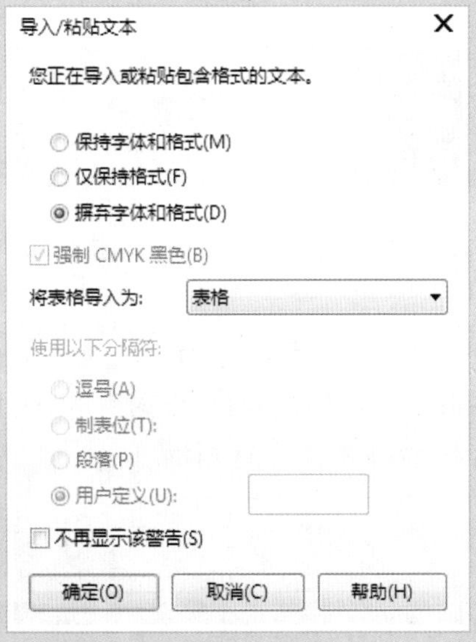

图 5-35

STEP 17 单击"确定"按钮，效果如图5-36所示。拖动鼠标绘制导入区域，效果如图5-37所示。

STEP 18 此时导入文本内容，如图5-38所示。执行"窗口"|"泊坞窗"|"文本"|"文本属性"命令，在"文本属性"面板中设置字体、字号，单击"段落"按钮，设置段落对齐方式、行间距和段间距，如图5-39所示。

图 5-36 图 5-37

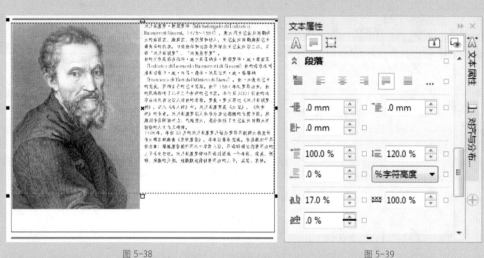

图 5-38 图 5-39

STEP 19 将光标移动至文本框架下方，如图 5-40 所示。当光标变为双向箭头时，向下拖动鼠标，根据字体字号的改变，调整文本框架的大小，效果如图 5-41 所示。

图 5-40 图 5-41

STEP 20 使用同样的方法导入其他位置的文字内容，最终完成效果如图 5-42、图 5-43 所示。

图 5-42

图 5-43

STEP 21 双击工具箱中的矩形工具按钮，绘制和绘图区相同大小的矩形，设置其为无轮廓线，设置填色为白色，如图 5-44 所示。

图 5-44

STEP 22 执行"文件"|"保存"命令，将其保存为 CDR-CorelDRAW 格式，如图 5-45 所示。

图 5-45

听我讲 LISTEN TO ME

5.1 文本文字的输入

文字是重要的信息交流沟通方式，是平面设计或图像处理中不可或缺的元素，下面对文本文字的输入进行讲解。

5.1.1 输入文本

在使用 CorelDRAW 绘制或编辑图形时，适当添加文字能让整个图像呈现出图文并茂的效果。在 CorelDRAW X7 中，文本的输入需要使用文本工具 **字**，在文本工具属性栏中可设置文字的字体、大小和方向等。单击文本工具 **字**，即可在属性栏中显示各种选项，如图 5-46 所示。

图 5-46

下面对其中的选项进行介绍。

- "水平镜像"按钮和"垂直镜像"按钮：通过单击这两个按钮，可将文字进行水平或垂直方向上的镜像反转调整。
- 字体列表：单击该下拉按钮，从中可选择系统拥有的文字字体，以调整文字的效果。
- 字体大小：单击该下拉按钮，从中可以选择软件提供的默认字号，也可以直接在输入框中输入相应的数值以调整文字的大小。
- 字体效果按钮：从左至右依次为"粗体"按钮、"斜体"按钮和"下划线"按钮，单击按钮可应用样式，再次单击则取消应用样式。
- "文本对齐"按钮：对齐方式包括"左""居中""右"以及"强制调整"等选项，只需单击即可选择任意选项，以调整文本对齐的方式。
- "项目符号列表"按钮：在选择段落文本后才能激活该按钮，此时单击该按钮，即可为当前所选文本添加项目符号，再次单击即可取消应用。
- "首字下沉"按钮：与"项目符号列表"按钮相同，也只有在选择文本的情况下才能激活该按钮。单击该按钮，显示选择首字下沉的效果，再次单击即可取消应用。
- "字符格式化"按钮：单击该按钮可打开"字符格式化"泊坞窗，从中设置文字的字体、大小和位置等属性。

- "编辑文本"按钮：单击该按钮可打开"编辑文本"对话框，从中不仅可输入文字，还可设置文字的字体、大小和状态等属性。
- "文本方向"按钮组：单击"将文本更改为水平方向"按钮，可将当前文字或输入的文字调整为横向文本；单击"将文本更改为垂直方向"按钮，可将当前文字或输入的文字调整为纵向文本。

调整输入文本效果如图 5-47、图 5-48 所示。

图 5-47

图 5-48

5.1.2　输入段落文本

段落文本是将文本置于一个段落框内，以便同时对这些文本的位置进行调整，适用于在文字量较多的情况下对文本进行编辑。

打开图像后，单击文本工具，在图像中单击并拖出一个文本框，此时可看到文本插入点默认显示在文本框的开始部分，文本插入点的大小受字号的影响，字号越大，文本插入点的显示也越大，如图 5-49 所示。

在文本属性栏的"字体列表"和"字体大小"下拉列表框中选择合适的选项，设置文字的字体和字号，然后在文本插入点后输入相应的文字，如图 5-50 所示。

图 5-49

图 5-50

5.2　文本文字的编辑

在实际运用中，为了能系统地对文字的字体、字号、文本的对齐方式以及文本效果等文本格式进行设置，可在"字符格式化"和"段落格式化"泊坞窗中进行。

■ 5.2.1　调整文字间距

要调整文字的间距可在"文本属性"泊坞窗中进行。选择文本，执行"文本"|"文本属性"命令，打开"文本属性"泊坞窗，选择"段落"选项▤，设置字符间距或段间距。效果如图 5-51、图 5-52 所示。

图 5-51　　　　　　　　　　　　　　图 5-52

■ 5.2.2　使文本适合路径

为了使文本效果更加突出，可以将文字沿特定的路径进行排列，从而得到特殊的排列效果。在编辑过程中，难免会遇到路径的长短和输入的文字不完全相符的情况，此时可对路径进行编辑，让路径排列的文字随之发生变化。如图 5-53、图 5-54 所示。

图 5-53　　　　　　　　　　　　　　图 5-54

■ 5.2.3　首字下沉

文字的首字下沉效果是指对该段落的第一个文字进行放大，使其占用较多的空间，起到突出显示的作用。

选择需要进行调整的段落文本，执行"文本"|"首字下沉"命令，打开"首字下沉"对话框，勾选"使用首字下沉"复选框，在"下沉行数"数值框中输入首字下沉的行数，如图 5-55 所示。单击"确定"按钮，在当前段落文本中应用此设置，如图 5-56 所示。

图 5-55

图 5-56

需要注意的是，还可在"首字下沉"对话框中勾选"首字下沉使用悬挂式缩进"复选框，此时首字所在的该段文本将自动对齐下沉后的首字边缘，形成悬挂缩进的效果。

■ 5.2.4　将文本转换为曲线

将文本转换为曲线在一定程度上扩充了对文字的编辑操作，通过该操作将文本转换为曲线，从而改变文字的形态，制作出特殊的文字效果。

文本转换为曲线的方法较为简单，只需要选择文本后执行"对象"|"转换为曲线"命令或按 Ctrl+Q 组合即可。或者是在文本上右击，在弹出的快捷菜单中执行"转换为曲线"命令，也可以将文本转换为曲线。

当完成上述转换操作后，单击形状工具 ，此时在文字上出现多个节点，单击并拖动节点或对节点进行添加和删除操作即可调整文字的形状。如图 5-57、图 5-58 所示，分别为输入的文本和将文本转换为曲线后将进行调整的文字效果。

图 5-57    图 5-58

5.3　文本的查找和替换

CorelDRAW 中的查找和替换功能多用于版式的编排工作，可同时在多页图像中进行文本和内容的查找和替换。

■ 5.3.1　查找文本

在 CorelDRAW X7 中，查找文本是针对文字的编辑而进行的，主要用于对一大段文章中的个别文字或字母进行查找或修改。使用查找文本操作，可将需要修改的文字或字母在文章中进行快速定位。查找文本的操作方法如下：

执行"编辑"|"查找并替换"|"查找文本"命令，打开"查找文本"对话框。在"查找"文本框中输入需要查找的内容，单击"查找下一个"按钮，即可看到需要查找的内容以反白形式显示，如图 5-59、图 5-60 所示。

图 5-59

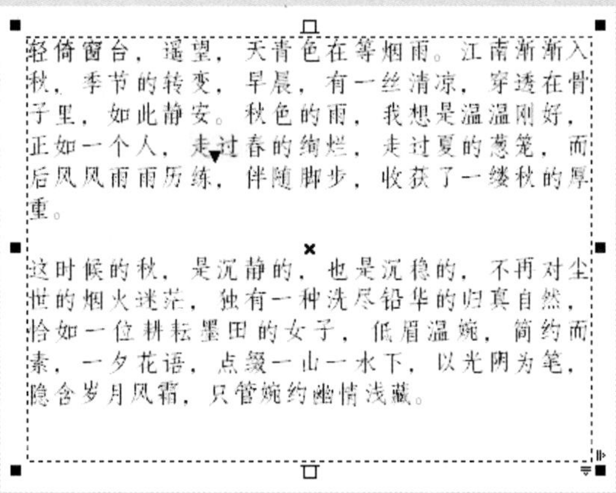

图 5-60

若继续单击"查找下一个"按钮，CorelDRAW 则会自动对段落文本中其他位置的相同内容进行查找，找到相应内容并使其反白显示。在完成对文章的查找后会弹出相应的信息提示框，单击"确定"按钮即可关闭对话框。

■ 5.3.2　替换文本

替换文本是依附查找文本而存在的，它能快速将查到的内容替换为需要的文本内容。替换文本的操作与查找文本的方法相似，即执行"编辑"|"查找并替换文本"|"替换文本"命令，打开"替换文本"对话框，在"查找"文本框和"替换为"文本框中依次输入要查找和替换的内容，

如图 5-61 所示。单击"替换"按钮，完成指定的替换操作，如图 5-62
所示。

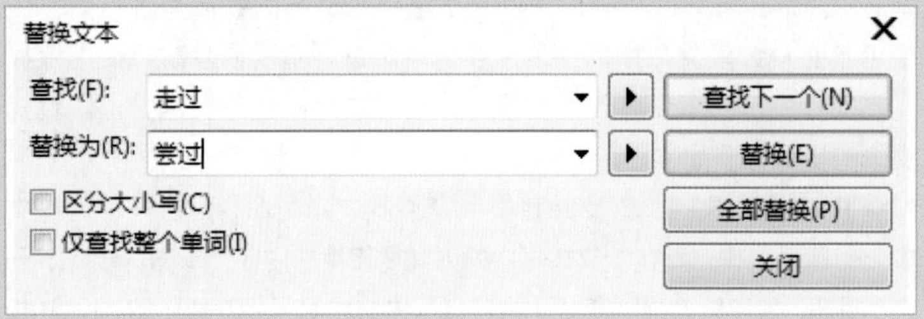

图 5-61

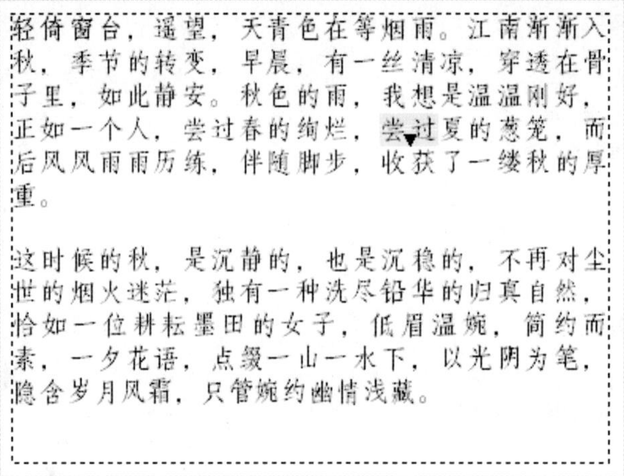

图 5-62

■ 5.3.3　查找对象

查找对象是针对相关图像效果，它与查找文本相似，不同的是这里
查找的是独立的图形对象，该功能多用于复杂的图像中对需要修改的图
形对象进行查找。查找对象的操作方法如下：

执行"编辑"│"查找并替换"│"查找对象"命令，打开"查找向导"
对话框，单击"下一步"按钮，在打开的界面中选择要查找的图像类型，
在此勾选"椭圆形"复选框。选择结束后单击"下一步"按钮，根据
向导提示进行设置，单击"完成"按钮，完成对该图像的查找，如图 5-63、
图 5-64、图 5-65 所示。

完成上述查找操作后，系统会自动选择图形中最开始位置的椭圆
形对象，同时弹出"查找"对话框，如图 5-66 所示。若单击"查找下
一个"按钮，即可选择下一个椭圆对象，若单击"查找全部"按钮，
则将图形中所有的椭圆形对象全部选中。

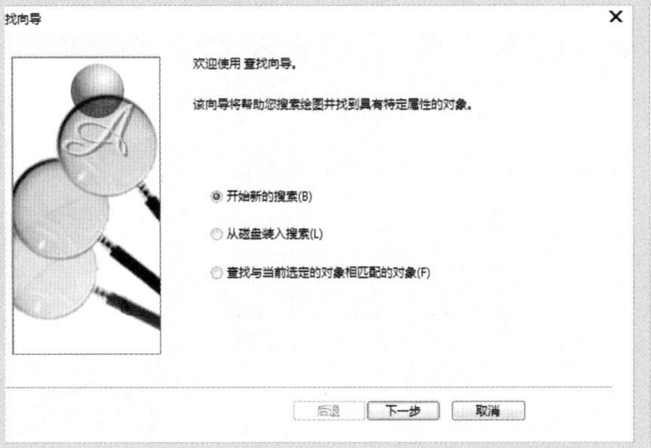

图 5-63

图 5-64

图 5-65

图 5-66

■ 5.3.4 替换对象

替换对象比替换文本在功能上更为灵活一些，它可以对图形对象的颜色、轮廓笔属性、文本属性等进行替换。替换对象的操作方法如下：

执行"编辑"｜"查找并替换"｜"替换对象"命令，打开"替换向导"对话框，默认选中的是"替换颜色"单选按钮，如图 5-67 所示。单击"下一步"按钮，进入下一个界面，根据需要进行设置，单击"完成"按钮，如图 5-68 所示。接下来将弹出类似于查找对话框的"查找并替换"对话框，单击"全部替换"按钮。替换完成后系统将给出提示信息，如图 5-69 所示。

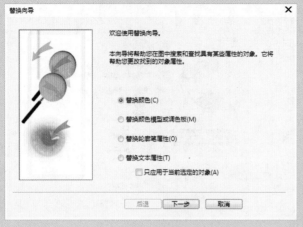

图 5-67

图 5-68

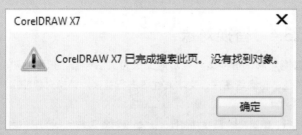

图 5-69

5.4　链接文本

　　在 CorelDRAW X7 中，文字的编排和链接是最为常用的操作，非常具有实用性。文本的链接不仅包括文本与文本之间的链接，也包括文本与图形对象之间的链接等，下面分别进行介绍。

■ 5.4.1　段落文本之间的链接

链接文本可通过应用"链接"命令实现。按住 Shift 键的同时单击，选择两个文本框，执行"文本"｜"段落文本框"｜"链接"命令，即可将两个文本框中的文本链接。链接文本之后，通过调整两个文本框的大小可调整两个文本框中文字的显示效果，如图 5-70、图 5-71 所示。

图 5-70

图 5-71

■ 5.4.2　文本与图形之间的链接

将鼠标光标移动到文本框下方的控制点图标上，当光标变为双箭头形状时单击，此时光标变为黑色箭头形状，如图 5-72 所示。在需要链接的图形对象上单击，即可将未显示的文本显示到图形中，形成图文链接，如图 5-73 所示。值得注意的是，创建链接后执行"文本"｜"段落文本框"｜"断开连接"命令，即可断开与文本框的链接。断开链接后，文本框中的内容不会发生变化。

图 5-72

图 5-73

自己练 PRACTICE YOURSELF

■ 项目练习 美食报纸的设计与制作

项目背景

为美食报纸其中一个版面做如图 5-74 所示的排版设计。

项目要求

报纸框架要合理，包含报头、版心。图和文要搭配合理。报纸主题与风格要围绕"美食"的概念。

项目分析

整体色调采用橘黄色系来进行表现；技术方面（版头与版心内容）主要使用文本工具、段落工具以及"文本属性"泊坞窗来完成版面的设计制作。报纸框架主要使用矩形工具和"布局"工具栏来制作，而素材处理主要搭配路径抠图方法，制作文本绕图的效果。

项目效果

图 5-74

课时安排

2 课时

CHAPTER 06
制作户外广告
——应用特效详解

本章概述 OVERVIEW

本章主要针对图形特效的应用进行介绍，通过对交互式阴影、轮廓图、调和、变形、封套、立体化和透明度7种工具的应用，制作出具有特殊效果的图形对象，同时结合复制和克隆特效补充展示。

■ 核心知识

认识交互式特效工具 ★☆☆

掌握交互式调和工具的运用方法 ★★☆

掌握交互式阴影工具的运用方法 ★★☆

掌握交互式透明度工具的运用方式 ★★☆

房地产户外广告

交互式调和

跟我学 LEARN WITH ME

■ 房地产户外广告的设计与制作

作品描述: 户外广告是企业或单位进行广告推广的重要营销方法之一。现如今, 越来越多的广告公司开始注重户外广告的创意以及设计效果的实现, 各行各业也热切希望通过户外广告来迅速提升企业形象, 传播商业信息。下面将对制作户外广告的过程展开详细介绍。

实现过程

1. 制作广告背景

下面将讲解户外广告背景的制作, 主要利用多种图像的合成并配合 PowerClip 图文框进行裁剪制作完成。

STEP 01 打开 CorelDRAW 软件, 执行 "文件" | "新建" 命令, 在打开的 "创建新文档" 对话框中设置参数, 如图 6-1 所示。

STEP 02 选择工具箱中的矩形工具绘制一个尺寸为 210mm×94mm 的矩形, 如图 6-2 所示。

图 6-1   图 6-2

STEP 03 执行 "文件" | "导入" 命令, 导入素材文件 "背景 .jpg", 选中矩形框架, 单击鼠标右键执行 "框类型" | "创建空 PowerClip 图文框" 命令, 如图 6-3 所示。

STEP 04 将其移动至图文框上, 图片将自动置入到矩形框中, 效果如图 6-4 所示。

图 6-3　　　　　　　　　　　　　　　　图 6-4

STEP 05　选中矩形框架，单击鼠标右键执行"PowerClip 内部"命令，调整图片位置，如图 6-5 所示。

STEP 06　单击停止编辑内容按钮 ，完成 PowerClip 的编辑，效果如图 6-6 所示。

图 6-5　　　　　　　　　　　　　　　　图 6-6

STEP 07　使用同样方法置入"草坪 .png"图像，效果如图 6-7 所示。

STEP 08　选中矩形框架，单击鼠标右键执行"PowerClip 内部"命令，选中"草坪 .png"图像，效果如图 6-8 所示。

图 6-7　　　　　　　　　　　　　　　　图 6-8

STEP 09　按 Ctrl+C 组合键复制，按 Ctrl+V 组合键粘贴，在属性栏中设置水平镜像，效果如图 6-9 所示。

STEP 10　使用选择工具，调整其至矩形框架右侧，效果如图 6-10 所示。

STEP 11　单击停止编辑内容按钮 ，完成 PowerClip 的编辑，效果如图 6-11 所示。

STEP 12　使用同样方法导入其他背景中的素材文件，效果如图 6-12 所示。

图 6-9　　　　　　　　　　　　　　　　图 6-10

图 6-11　　　　　　　　　　　　　　　　图 6-12

2. 立体版面制作

下面讲解如何制作户外广告的立体版面，广告信息主要使用文本工具进行输入，通过纹理图形的置入与文字的精确裁剪，制作金属字效果。

STEP 01　使用文本工具在页面右上角输入广告信息，设置字体、字号，效果如图 6-13 所示。

图 6-13

STEP 02　按 Shift+F11 组合键，在打开的"编辑填充"对话框中设置填充参数，如图 6-14 所示。

STEP 03　选中文字，单击鼠标右键，执行"框类型"|"创建空 PowerClip 图文框"命令，效果如图 6-15 所示。

STEP 04　执行"文件"|"导入"命令，导入素材文件"金属效果 .png"，效果如图 6-16 所示。

图 6-14

图 6-15

图 6-16

STEP 05 选中图像，单击图像，将光标移动至上方中间控制点处，单击并向左拖动鼠标，对其进行变换，效果如图 6-17 所示。

STEP 06 在控制栏中设置旋转参数为 18.8°，效果如图 6-18 所示。

图 6-17

图 6-18

STEP 07 使用移动工具将图像移动至文字上方，图像将自动置入文字内部，效果如图 6-19、图 6-20 所示。

图 6-19

图 6-20

STEP 08 选择工具箱中的阴影工具，从文字中心位置水平向右拖动鼠标，绘制阴影控制线，效果如图 6-21 所示。

STEP 09 使用同样方法输入其他文字信息，并置入"金属效果"图像，设置阴影，效果如图 6-22 所示。

图 6-21　　　　　　　　　　　　图 6-22

STEP 10 选择工具箱中的钢笔工具，绘制电话形状路径，效果如图 6-23 所示。

STEP 11 设置填充色为黑色，选中电话图形，按 Ctrl+G 组合键将其编组，效果如图 6-24 所示。

图 6-23　　　　　　　　　　　图 6-24

STEP 12 使用椭圆形工具，按住 Ctrl 键，绘制一个正圆，设置正圆轮廓为黑色，并设置合适轮廓粗细，填充为无，效果如图 6-25 所示。

STEP 13 执行"窗口"|"泊坞窗"|"对象属性"命令，在打开的"对象属性"面板下方勾选"随对象缩放"复选框，如图 6-26 所示。

图 6-25　　　　　　　　　　　图 6-26

STEP 14 使用选择工具，选中正圆与电话形状，执行"窗口"|"泊坞窗"|"对齐与分布"命令，设置对齐对象到"活动对象"，使其水平居中对齐和垂直居中对齐，如图 6-27、图 6-28 所示。

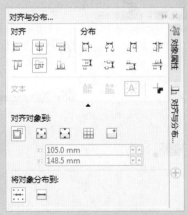

图 6-27　　　　　　　　　　　图 6-28

STEP 15 按 Ctrl+G 组合键，将其编组，并调整大小和位置，效果如图 6-29 所示。

STEP 16 使用文字工具，在图形右侧输入文字信息，设置字体、字号、字间距等，效果如图 6-30 所示。

图 6-29

图 6-30

STEP 17 选择工具箱中的多边形工具，在属性栏中设置边数为3，按 Ctrl 键绘制一个三角形，设置填充色为黑色，效果如图 6-31 所示。

STEP 18 使用选择工具，在属性栏中设置垂直镜像，并调整至合适位置，效果如图 6-32 所示。

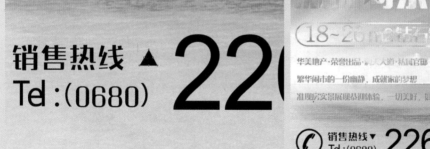

图 6-31

图 6-32

STEP 19 最终完成效果如图 6-33 所示。

图 6-33

3. 射灯和立柱的绘制

下面讲解如何制作射灯和立柱，使用矩形工具和直线工具制作射灯，利用渐变效果制作立柱。

STEP 01 使用矩形工具在版面下面绘制一个矩形条，设置填充色为黑色，效果如图 6-34 所示。

图 6-34

STEP 02 使用矩形工具绘制两个矩形框，并交替放置在一起，效果如图 6-35 所示。

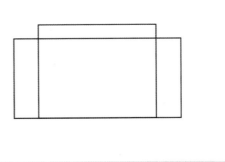

图 6-35

STEP 03 选中两个交替矩形，在属性栏中单击"合并"按钮，如图 6-36 所示。效果如图 6-37 所示。

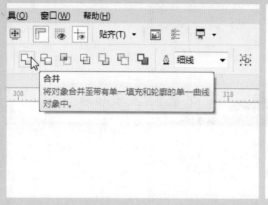

图 6-36　　　　　　　　　　　　　　　图 6-37

STEP 04 使用手绘工具绘制一条斜线，按 F12 键，在弹出的"轮廓笔"面板中设置线条的粗细，如图 6-38 所示。

STEP 05 按 Ctrl+Shift+Q 组合键，将轮廓转换为路径，效果如图 6-39 所示。

图 6-38　　　　　　　　　　　　　　　图 6-39

STEP 06 使用选择工具选择之前合并的图形，为其填充黑色，并去除轮廓线，效果如图 6-40 所示。

STEP 07 选中合并形状及线条，将其编组，执行"编辑"|"步长和重复"命令，在打开的"步长和重复"面板中设置参数，如图 6-41 所示。

图 6-40

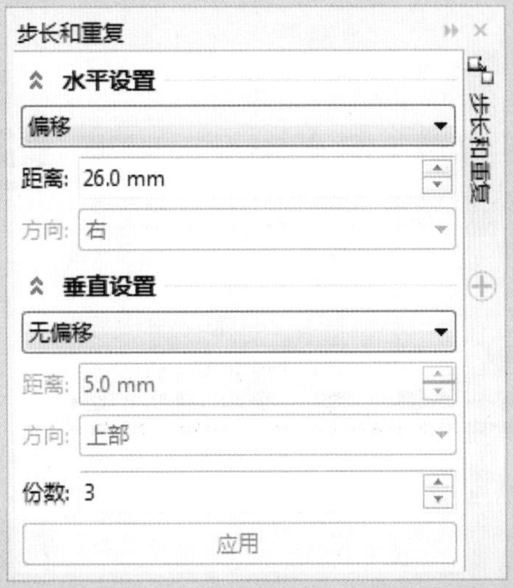

图 6-41

STEP 08 单击"应用"按钮,实现水平向右复制 4 个相同的图形,效果如图 6-42 所示。

图 6-42

STEP 09 使用选择工具框选该组图形,按"+"键创建副本,单击属性栏中的"水平镜像"按钮,效果如图 6-43 所示。

图 6-43

STEP 10 将上述完成的图形与柱体版面结合后的效果，如图 6-44 所示。

STEP 11 立柱的制作，使用矩形工具绘制矩形，效果如图 6-45 所示。

STEP 12 按 F11 键打开"编辑填充"对话框，设置线性灰度渐变填充及各项参数，如图 6-46 所示。

STEP 13 单击"确定"按钮，填充渐变，选择工具箱中的透明度工具，设置透明度为 35，完成立柱的制作，最终完成效果如图 6-47 所示。

图 6-44

图 6-45

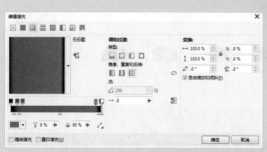

图 6-46

图 6-47

听我讲 LISTEN TO ME

6.1 认识交互式特效工具

在 CorelDRAW X7 中，图形对象的特效可以理解为通过对图形对象进行如阴影、调和、变形、立体化、透明度等多种特殊效果的调整和叠加，使得图形呈现出不同的视觉效果。这些效果不仅可以结合使用，同时也可以结合其他的图形绘制工具、形状编辑工具、颜色填充工具等进行使用，使作品中的图形呈现出个性独特的视觉效果。

使用 CorelDRAW 绘制图形的过程中，要为图形对象添加特效，可结合软件提供的交互式特效工具进行。这里的交互式特效工具是指交互式阴影、交互式轮廓图、交互式调和、交互式变形、交互式封套、交互式立体化和交互式透明度这 7 种工具，其收录在工具箱的调和工具组中，如图 6-48 所示。单击调和工具组，在打开的菜单中选择相应的选项即可切换到相应的交互式工具。

图 6-48

■ 6.1.1 交互式阴影效果

交互式阴影效果是通过为对象添加不同颜色的投影方式，为其增加一定的立体感，并对阴影颜色的处理应用不同的混合操作，丰富阴影与背景间的关系，让图形效果更逼真。

交互式阴影工具没有泊坞窗，用户可在其属性栏中对相关参数进行设置，如图 6-49 所示。

图 6-49

- "阴影角度"数值框：用于显示阴影偏移的角度和位置。通常不在属性栏中进行设置，在图形中直接拖动到想要的位置即可。
- "阴影延伸"数值框：用于调整阴影的长度、取值范围在 0~100。

- "阴影淡出"数值框：用于调整阴影边缘的淡出程度、取值范围同样在 0~100。
- "阴影的不透明度"数值框：用于调整阴影的不透明度，数值越小，阴影越透明、取值范围同样在 0~100。
- "阴影羽化"数值框：用于调整阴影的羽化程度，数值越大，阴影越虚化。取值范围同样在 0~100。
- "羽化方向"按钮：单击该按钮，弹出相应的选项面板，从中通过单击不同的按钮设置阴影扩散后变模糊的方向，包括高斯式模糊、中间、向外和平均按钮。
- "羽化边缘"按钮：用于设置羽化边缘的类型，如线性、方形、反白方形和平面按钮。
- "阴影颜色"下拉列表框：用于设置阴影的颜色。

　　使用交互式阴影工具，不仅能为图形对象添加阴影效果，还能设置阴影方向、羽化以及颜色等，以便制作出更为真实的阴影效果。

1. 添加阴影效果

　　在页面中绘制图形后，单击交互式阴影工具 🔲，在图形上单击并向外拖动鼠标，即可为图形添加阴影效果。默认情况下，添加的阴影效果的不透明度为 50%，羽化值为 15%，如图 6-50 所示。在属性栏中的"阴影的不透明度"和"阴影羽化"数值框中进行设置，以调整阴影的浓度和边缘强度。如图 6-51、图 6-52 所示，分别为设置不同参数的图形的阴影效果。

图 6-50　　　　　　　　　　　图 6-51　　　　　　　　　　　图 6-52

2. 调整阴影的颜色

　　对图形对象添加阴影效果后，还可通过在属性栏中的"阴影颜色"下拉列表框中的选项对阴影颜色进行设置，改变阴影效果。单击交互式阴影工具 🔲，在页面中绘制轮廓图形，如图 6-53 所示。在图形上单击并拖动鼠标，添加阴影效果，如图 6-54 所示。此时可看到，阴影颜色默认为黑色。在"阴影颜色"下拉列表框中单击黄色色块，设置阴影颜色为黄色，此时阴影效果发生变化，如图 6-55 所示。

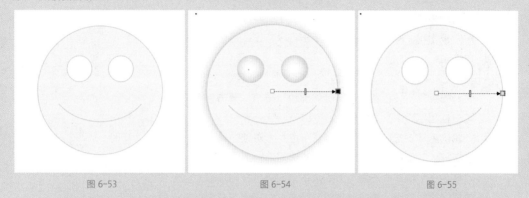

<table>
<tr><td>图 6-53</td><td>图 6-54</td><td>图 6-55</td></tr>
</table>

在设置图形对象阴影的"透明度操作"选项时，应将对象的阴影颜色混合到背景色中，以达到两者颜色混合的效果，产生不同的色调样式。其中包括"常规""添加""减少""差异""乘""除""如果更亮""如果更暗"等。如图 6-56、图 6-57、图 6-58 所示，分别为相同颜色下设置不同的"透明度操作"选项后的阴影效果。

<table>
<tr><td>图 6-56</td><td>图 6-57</td><td>图 6-58</td></tr>
</table>

▌ 6.1.2 交互式轮廓图效果

通过交互式轮廓图工具可在图形对象的外部和中心添加不同样式的轮廓线，通过设置不同的偏移方向、偏移距离和轮廓颜色，为图形创建出不同的轮廓效果，使用交互式轮廓图工具可对图形对象的轮廓进行一些简单的调整和处理，使图形更具装饰效果。

单击交互式轮廓图工具，即可显示出该工具的属性栏，如图 6-59 所示。由于交互式特效工具属性栏的部分选项相同，且前面对交互式调和工具的属性栏有详细的介绍，因此这里仅对其中一些不同的，较为关键的选项进行介绍。

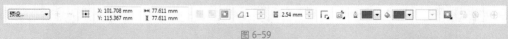

图 6-59

- 轮廓偏移的方向按钮组：该组中包含了"到中心"按钮、"内部轮廓"按钮、"外部轮廓"按钮。单击各个按钮，可设置轮廓图的偏移方向。
- "轮廓图步长"数值框：用于调整轮廓图的步数。该数值的大小直接关系到图形对象的轮廓数，当数值设置合适时，可使对象轮廓达到一种较为平和的状态。

- "轮廓图偏移"数值框：用于调整轮廓图之间的间距。
- "轮廓图角"按钮组：在该组中包含了"斜接角"按钮、"圆角"按钮和"斜切角"按钮。单击各个按钮，可设置轮廓图的角类型。
- 轮廓色方向按钮组：在该组中包含了"线性轮廓色"按钮、"顺时针轮廓色"按钮和"逆时针轮廓色"按钮。单击各个按钮，可根据色相环中不同的颜色方向进行渐变处理。
- "轮廓色"下拉按钮：用于设置所选图形对象的轮廓色。
- "填充色"下拉按钮：用于设置所选图形对象的填充色。
- "最后一个填充挑选器"下拉按钮：该按钮在图形填充了渐变效果时方能激活，单击该按钮，可在其中设置带有渐变填充效果图形的结束色。
- "对象和颜色加速"按钮：单击该按钮弹出选项面板，设置轮廓图对象及其颜色的应用状态。通过调整滑块左右方向，可以调整轮廓图的偏移距离和颜色。
- "清除轮廓"按钮：应用轮廓图效果后，单击该按钮可清除轮廓效果。

使用交互式轮廓图工具可为图形对象添加轮廓效果，同时还可设置轮廓的偏移方向，改变轮廓图的颜色属性，从而调整出不同的图形效果。下面将对其实际运用进行介绍。

1. 调整轮廓图的偏移方向

通过在属性栏中轮廓偏移的方向按钮组中单击不同的方向按钮，可对轮廓向内或向外的偏移效果进行掌控。

绘制图形，如图 6-60 所示。单击交互式轮廓图工具，在属性栏中单击"到中心"按钮，此时软件自动更新图形的大小，形成到中心的图形时"轮廓图步长"数值框呈灰色效果 状态，表示未启用，如图 6-61 所示。

单击"内部轮廓"按钮，激活"轮廓图步长"数值框，设置步长，按 Enter 键确认，此时图形效果发生变化，如图 6-62 所示。

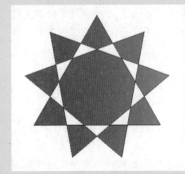

图 6-60

图 6-61

图 6-62

2. 调整轮廓图颜色

利用轮廓图工具调整图形对象的轮廓颜色，可通过应用属性栏中的"轮廓色"下拉按钮中的选项和自定义颜色的方式来进行。

要自定义轮廓图的轮廓色和填充色，可通过直接在属性栏中更改轮廓色和填充色的方式来调整，也可在调色板中调整对象的轮廓色和填充色，以更改对象轮廓色效果。调整轮廓图颜色方向，可单击属性栏中的"线性轮廓色"按钮，"顺时针轮廓色"按钮或"逆时针轮廓色"按钮，改变对象的轮廓图颜色、方向和效果。如图 6-63、图 6-64、图 6-65 所示为设置相同的轮廓色和填充色后，分别单击不同的方向按钮得到的效果。

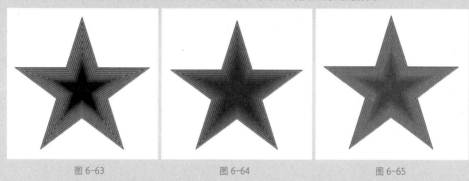

图 6-63　　　　　　　　图 6-64　　　　　　　　图 6-65

3. 加速轮廓图的对象和颜色

加速轮廓图的对象和颜色是调整对象轮廓偏移间距和颜色的效果。在交互式轮廓图工具的属性栏中单击"对象和颜色加速"按钮，弹出加速选项设置面板。默认状态下，加速对象及其颜色为锁定状态，调整其中一项，另一项会随之调整。

单击"锁定"按钮将其解锁后，可分别对"对象"和"颜色"选项进行单独的加速调整。如图 6-66、图 6-67、图 6-68 所示分别为"对象"和"颜色"选项进行同时调整和单独调整后的图形效果。

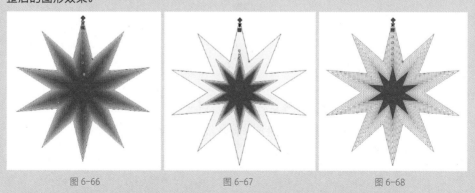

图 6-66　　　　　　　　图 6-67　　　　　　　　图 6-68

■ 6.1.3　交互式调和效果

在交互式特效工具组中，每一个工具都对应一个设置相关参数和选项的泊坞窗。除了能在泊坞窗中对相应工具的参数和选项进行设置外，还可以在其相应的工具属性栏中进行设置。

1. 打开"调和"泊坞窗

执行"窗口"｜"泊坞窗"｜"效果"｜"调和"命令，打开"调和"泊坞窗，如图 6-69 所示。

可分别对调和的步长、旋转、对象、颜色、拆分以及映射点等进行调整。

需要强调的是，在未对图形进行交互式调和之前，"调和"泊坞窗中的"应用""重置""熔合始端""熔合末端"等按钮呈灰色显示，表示未被激活。只有对图形对象运用交互式调和效果后，才能激活这些操作按钮。

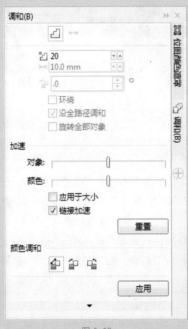

图 6-69

2. 认识交互式调和工具属性栏

单击交互式调和工具，显示该工具的属性栏，如图 6-70 所示。在其中对交互式调和工具的设置选项都进行了调整，以便让用户能够快速运用，下面分别对这些选项进行详细介绍。

图 6-70

- "预设"下拉列表框：可对软件设定好的选项进行选择运用。选择相应的选项后，在一旁会显示选项效果预览图，以便对应用选项的图形效果一目了然，如图 6-71 所示。

- "调和对象"数值框：用于设置调和的步长数值，数值越大，调和后的对象步长越大，数量越多。
- "调和方向"数值框：用于调整调和对象后调和部分的方向角度，数值可以为正也可以为负。
- "环绕调和"按钮：用于调整调和对象的环绕和效果。单击该按钮可对调和对象作弧形调和处理，要取消调和效果，再次单击该按钮。
- "调和类型"按钮组：其中包括了"直接调和"按钮、"顺时针调和"按钮和"逆时针调和"按钮。单击"直接调和"按钮，以简单而直接的形状和渐变填充效果进行调和；单击"顺时针调和"按钮，在调和形状的基础上以顺时针渐变色相的方式调和对象；单击"逆时针调和"按钮，在调和形状的基础上以逆时针渐变色相的方式调和对象。
- "加速调和对象"按钮组：在该组中包括了"对象和颜色加速"按钮和"调整加速大小"按钮。单击"对象和颜色加速"按钮，弹出加速选项面板，如图 6-72 所示。可对加速的对象和颜色进行设置。还可通过调整滑块左右方向，调整两个对象间的调和方向。

图 6-71　　　　　　　　　　　　　　　图 6-72

- "更多调和选项"按钮：单击该按钮则弹出相应的选项面板，在其中可对映射节点和拆分调和对象等进行设置。
- "起始和结束属性"按钮：用于选择调整调和对象的起点和终点。单击该按钮可弹出相应的选项面板，此时可显示调和对象后原对象的起点和终点，也可更改当前的起点或终点。
- "路径属性"按钮：调和对象以后，要将调和的效果嵌合于新的对象，可单击该按钮，在弹出的选项面板中选择"新路径"选项，单击指定对象即可将其嵌合到新的对象中。
- "复制调和属性"按钮：通过该按钮克隆调和效果至其他对象，复制的调和效果包括对象填充和轮廓的调和属性。
- "清楚调和"按钮：应用调和效果之后单击该按钮，可清除调和效果，恢复图形对象原有的效果。

3．运用交互式调和工具

交互式调和工具的运用包括很多方面，最基本的是使用该工具进行图形的交互式调和，同时还可设置调和对象及其类型，还可以设置加速调和对象、拆分调和对象、嵌合新路径等。下面分别对这些具体的运用操作进行介绍。

1）调和对象

调和对象是该工具最基本的运用，选择需要进行交互式调和的图形对象，单击交互式调和工具，在图形上单击并拖动鼠标到另一个图形上，此时可看到形成的图形渐变效果，如图6-73所示。释放鼠标即可完成这两个图形之间的图形渐变效果，在绘画页面可以看到，经过交互式调和处理的图形形成叠加的过渡效果。

在调和对象之后，可在属性中设置调和的基本属性，如调和的步长、方向等，也可通过对原对象位置的拖动，让调和效果更多变。如图6-74所示。

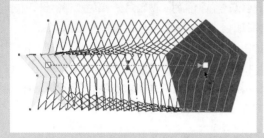
图 6-73

图 6-74

2）设置调和类型

对象的调和类型即调整时渐变颜色的方向。可通过在属性栏中的"调和类型"按钮组中单击不同调和类型，对其进行设置。

- 单击"直接调和"按钮，渐变颜色直接穿过调和的起始和终止对象；
- 单击"顺时针调和"按钮，渐变颜色顺时针穿过调和的起始对象和终止对象；
- 单击"逆时针调和"按钮，渐变颜色逆时针穿过调和的起始对象和终止对象。

如图6-75、图6-76所示，分别为顺时针调和对象以及逆时针调和对象的效果。

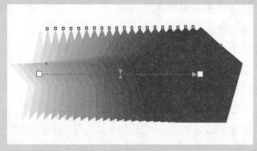
图 6-75

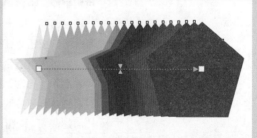
图 6-76

3）加速调和对象

加速调和对象是对调和之后的对象形状和颜色进行调整。单击"对象和颜色加速"按钮，在弹出的加速选项面板中显示了"对象"和"颜色"两个选项。拖动滑块设置加速选项，即可让图像显示出不同的效果。直接在图像中对中心点的蓝色箭头进行拖动，也可设置调和对象的加速效果。如图6-77、图6-78所示，分别为同时拖动"对象"和"颜色"加速选项滑块后的图形效果。

图 6-77   图 6-78

4）拆分调和对象

拆分调和对象是将调和之后的对象从中间调和区域打断，作为调和效果的转折点，通过拖动该打断的调和点，可调整该调和对象的位置。调和两个对象之后，单击属性栏中的"更多调和选项"按钮，在弹出的面板中选择"拆分"选项，此时鼠标光标变为拆分箭头状。在调和对象的指定区域单击，如图6-79所示。此时拖动鼠标将拆分的独立对象进行位置调整，如图6-80所示。

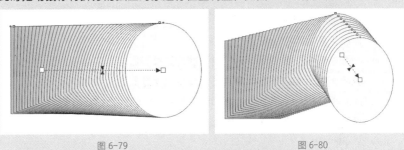

图 6-79   图 6-80

5）嵌合新路径

嵌合新路径是将已运用调和效果的对象嵌入新的路径。简而言之，就是将新的图形作为调和后面图形对象的路径，进行嵌入操作。

选择运用调和后的图形对象，单击属性栏中的"路径属性"按钮，在弹出的面板中选择"新路径"选项，将鼠标光标移动到新图形上，此时光标变为箭头形状，如图6-81所示。在该图形上单击指定的路径，调和后的图形对象自动以该图形为新路径，执行嵌入操作，效果如图6-82所示。

图 6-81   图 6-82

6.1.4 交互式变形效果

交互式变形可以更大程度上满足对复杂图形制作的需要，这也使作图更具多样性和灵活性。交互式变形工具没有泊坞窗，可单击该工具，在属性栏中对相关参数进行设置。需要注意的是，在交互式变形工具的属性栏中，分别单击"推拉变形"按钮、"拉链变形"按钮和"扭曲变形"按钮，其属性栏也会发生相应的变化。

1. 推拉变形

单击交互式变形工具，在属性栏中单击"推拉变形"按钮可看到如图 6-83 所示属性栏，下面对其中的选项进行介绍。

图 6-83

- "预设"下拉列表框：用于选择软件自带的变形样式，也可单击其后的"添加预设"按钮和"删除预设"按钮对预设选项进行调整。
- "添加新的变形"按钮：用于将各种变形的应用对象视为最终对象来应用新的变形。
- "推拉振幅"数值框：用于设置推拉失真的振幅。当数值为正数时，表示向对象外侧推动对象节点。当数值为负数时，表示向对象内侧推动对象节点，如图 6-84、图 6-85 所示，分别为推拉变形前和推拉变形后的图片。

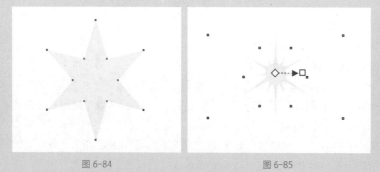

图 6-84   图 6-85

- "居中变形"按钮：单击该按钮，在图形上单击并拖动鼠标，让图形对象以中心为变形中心，拖动即可进行变形，如图 6-86、图 6-87 所示。
- "转化为曲线"按钮：单击该按钮，可将图形转化为曲线，此时允许使用形状工具修改该图形对象，如图 6-88、图 6-89 所示。

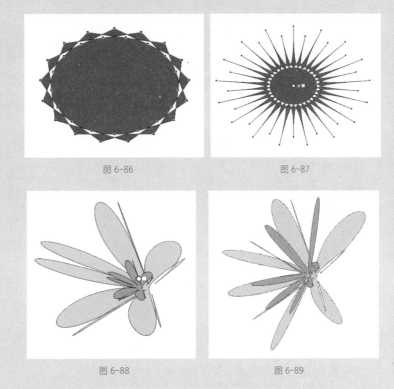

图 6-86   图 6-87

图 6-88   图 6-89

● "复制变形属性"按钮：将文档中另一个图形对象的变形属性
　　应用到所选对象上，如图 6-90、图 6-91 所示。

图 6-90   图 6-91

● "清除变形"按钮：在应用变形的图形对象上单击该按钮，可
　　清除变形效果。

推拉变形是对图形对象做推拉式的变形，只能从左右方向对图形
对象做变形处理，从而得到推拉变形的效果。具体操作方法如下：

使用椭圆形工具 ○ 绘制一个圆形，如图 6-92 所示。在交互式变
形工具属性栏中单击"推拉变形" ⊠ 按钮，在图形对象上单击并左右
拖动鼠标以调整控制柄方向，如图 6-93 所示。释放鼠标，即可应用推
拉变形效果，如图 6-94 所示。还可以在白色的中心点上单击并拖曳鼠
标，对图像的中心位置进行调整，使图像变换出更多的效果，如图 6-95
所示。

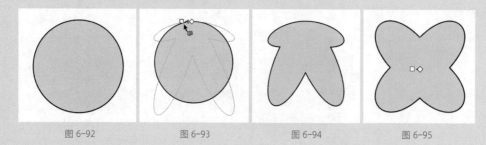

图 6-92   图 6-93   图 6-94   图 6-95

2. 拉链变形

在"预设"下拉列表框中单击拉链变形,可看到相应的属性栏,如图 6-96 所示。下面对其中的重要选项进行介绍。

图 6-96

- "拉链失真振幅"数值框:用于设置拉链失真振幅,可选择 0~100 的数值,数字越大,振幅越大,同时通过在对象上拖动鼠标,变形的控制越长,振幅越大。如图 6-97、图 6-98 所示,分别为不同数值振幅的效果图。
- "拉链失真频率"数值框:用于设置拉链失真频率。失真频率表示对象拉链变形的波动量,数值越大,波动越频繁,如图 6-99 所示。

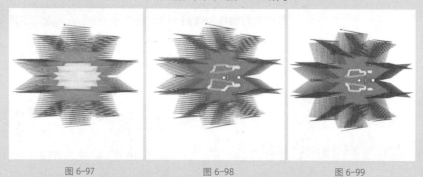

图 6-97   图 6-98   图 6-99

- "随机变形"按钮:用于使拉链线条随机分散,如图 6-100 所示。
- "平滑变形"按钮:用于柔和处理拉链的棱角,如图 6-101 所示。
- "局部变形"按钮:在拖动位置的对象区域上对准焦点,使其呈拉链条显示,如图 6-102 所示。

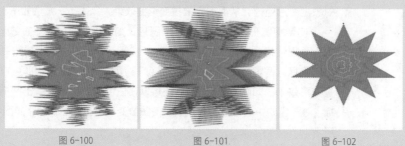

图 6-100   图 6-101   图 6-102

拉链变形是对图形对象进行拉链式的变形处理。制作拉链变形效果的具体操作方法如下：

使用矩形工具绘制图形，如图 6-103 所示，在交互式变形工具的属性栏中单击"拉链变形"按钮，切换至该变形效果的属性栏状态。在"拉链失真振幅"和"拉链失真频率"数值框中设置相关参数后，在图形上单击并拖动鼠标，对图形进行适当的变形，如图 6-104 所示。

图 6-103　　　　　　　　　　　图 6-104

3．扭曲变形

在"预设"下拉列表框中单击"扭曲变形"按钮可看到相应的属性栏，如图 6-105 所示，下面对其中的重要选项进行介绍。

图 6-105

- 旋转方向按钮组：包括"顺时针旋转"按钮和"逆时针旋转"按钮。单击不同方向按钮后，扭曲的对象将以不同的旋转方向扭曲变形，如图 6-106、图 6-107 所示。

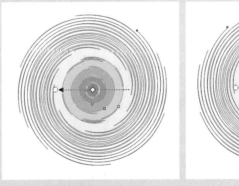
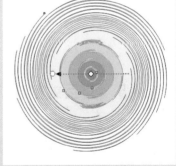

图 6-106　　　　　　　　　　　图 6-107

- "完全旋转"数值框：用于设置扭曲的旋转数，以调整对象旋转扭曲的程度，数值越大，扭曲程度越强，如图 6-108 所示。
- "附加角度"数值框：在旋转扭曲变形的基础上附加的内部旋转角度，对扭曲后的对象内部做进一步的扭曲角度处理，如图 6-109 所示。

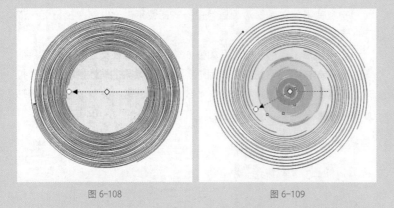

图 6-108　　　　　　　　　图 6-109

扭曲变形是对对象做扭曲式的变形处理，制作扭曲变形效果的具体操作如下：

使用星形工具绘制图形，如图 6-110 所示。在交互式变形工具的属性栏中单击"扭曲变形"按钮 ，切换至该变形效果的属性栏状态。在图形对象上单击并拖动鼠标添加控制柄，如图 6-111 所示，此时释放鼠标即可应用相应的扭曲变形效果，如图 6-112 所示。

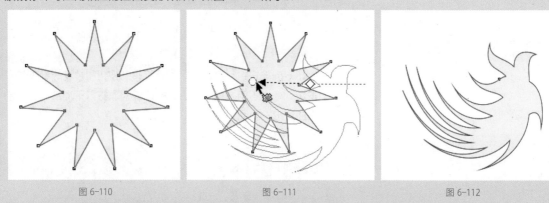

图 6-110　　　　　　　图 6-111　　　　　　图 6-112

6.1.5　交互式封套效果

交互式封套效果是以封套的形式对对象进行变形处理，通过对封套的节点进行调整，调整对象的形状轮廓，从而使图形对象更加规范，增加其适用范围。

单击交互式封套工具，在属性栏中可对图形的节点、封套模式以及映射模式等进行设置，如图 6-113 所示。下面对其进行介绍。

图 6-113

- "选取范围模式"下拉列表框：包括"矩形"和"手绘"两种选取模式，选择"矩形"选项后拖动鼠标，以矩形的框选方式选择指定的节点；选择"手绘"选项后拖动鼠标，以手绘的框选方式选择指定的节点。

- 节点调整按钮组：在该按钮组中可以看到，包含了多种关于节点的调整按钮，此时的按钮与形状工具属性栏中的按钮功能相同。
- 封套模式按钮组：从左到右依次为"直线模式"按钮、"单弧模式"按钮、"双弧模式"按钮和"非强制模式"按钮，单击相应的按钮即可将封套调整为相应的形状，前3个按钮为强制性的封套效果，而"非强制模式"按钮则是自由的封套控制按钮。
- "添加新封套"按钮：用于对已添加封套效果的对象继续添加新的封套效果。
- "映射模式"下拉列表框：用于对对象的封套效果应用不同的封套变形效果。
- "保留线条"按钮：用于以较为强制的封套变形方式对对象进行变形处理。
- "复制封套属性"按钮：用于将应用在其他对象中的封套属性进行复制，进而应用到所选对象上。
- "创建封套自"按钮：用于将其他对象的形状创建为封套。

使用交互式封套工具可快速改变图形对象的轮廓效果。下面对该工具的封套模式、映射模式的设置以及预设的应用进行介绍。

1. 设置封套模式

绘制图形后，单击交互式封套工具。在属性栏中的封套模式按钮组中进行设置，单击相应的按钮，切换到相应的封套模式中。默认状态下的封套模式为非强制模式，变化比较自由，且可以对封套的多个节点同时进行调整。强制性的封套模式是通过直线、单弧或双弧的强制方式对对象进行封套变形处理，且只能单独对各节点进行调整，以达到较规范的封套变形处理。

如图6-114、图6-115、图6-116所示，分别为在"直线模式""单弧模式"和"双弧模式"下调整的效果。

图6-114　　　　　　　　图6-115　　　　　　　　图6-116

2. 设置封套映射模式

设置封套映射模式是指设置图形对象的封套变形方式。在页面中绘制或打开图形，如图6-117所示。

在交互式封套工具属性栏的"映射模式"下拉列表框中分别选择"水平""原始""自由变形"和"垂直"选项，设置相应的映射模式，拖动节点即可对图形对象的外观形状进行变形调整。如图 6-118、图 6-119 所示，分别为设置"水平"和"垂直"映射模式对图形对象进行调整后的效果。

图 6-117

图 6-118

图 6-119

3. 应用预设

使用交互式封套工具可以对图形对象进行任意调整。该操作除了能在其工具属性栏中进行外，也可以在"封套"泊坞窗中进行。

选择图形，如图 6-120 所示。执行"创建"|"泊坞窗"|"效果"|"封套"命令，打开"封套"泊坞窗。单击"添加预设"按钮，此时"封套"泊坞窗中显示出预设形状，可在其中选择合适的形状，单击"应用"按钮，可自动对选择的图形应用封套效果，如图 6-121 所示。

图 6-120

图 6-121

操作技能

在交互式封套工具的"映射模式"下拉列表中，"原始""自由变形"映射模式都是较为随意的变形模式。应用这两种封套映射模式，将对对象的整体进行封套变形处理，"水平"封套映射模式是对以封套节点水平方向上的图形进行变形处理。

6.1.6　交互式立体化效果

交互式立体化工具是对平面的矢量图形进行立体化处理，使其形成立体效果。还可对制作出的立体图形进行填充色、旋转透视角度和光照效果等的调整，从而让平面的矢量图形呈现出丰富的三维立体效果。如图 6-122 所示，为该工具的属性栏。下面对各选项进行介绍。

图 6-122

- "预设"下拉列表框：用于设置立体化对象的立体角度。
- "深度"数值框：用于调整立体化对象的透视深度，数值越大，则立体化的景深越大。
- "灭点坐标"数值框：用于显示立体化图形透视消失点的位置，可通过拖动立体化控制柄上的灭点以调整其位置。
- "灭点属性"下拉列表框：可锁定灭点，即透视消失点至指定的对象，也可将多个立体化对象的灭点复制或共享。
- "页面或对象灭点"按钮：用于将图形立体化灭点的位置锁定到对象或页面中。
- "立体化旋转"下拉按钮：用于旋转立体化对象。
- "立体化颜色"下位按钮：用于调整立体化对象的颜色，并设置立体化对象不同类型的填充颜色。
- "立体化倾斜"下拉按钮：用于为立体化对象添加斜角立体效果并进行斜角变换的调整。
- "立体化照明"下拉按钮：用于根据立体化对象的三维效果添加不同的光源效果。

下面对该工具的立体化类型、立体化方向、颜色以及照明等功能的具体运用进行介绍。

1. 设置立体化类型

设置立体化类型是指对图形对象的立体化方向和角度进行同步调整，也就是设置立体化样式，可在属性栏的"立体化类型"下拉列表框中进行选择，同时还可结合"深度"数值框，对调整后图形对象的透视景深效果进行掌控。

绘制矩形图形，如图 6-123 所示，单击交互式立体化工具，在工具属性栏中单击"立体化类型"下拉列表框，在弹出的选项中选择并应用不同角度的立体化效果，如图 6-124 所示。在"深度"数值框中输入相应数值，调整立体化对象的透视宽度，如图 6-125 所示。

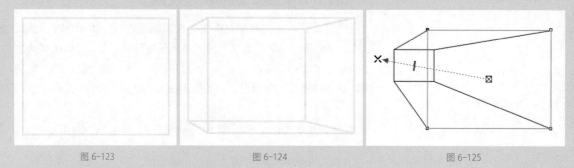

图 6-123　　　　　　图 6-124　　　　　　图 6-125

2. 调整立体化旋转

添加对象的立体化效果之后，通过调整立体化对象的坐标旋转方向，调整对象的三维角度。单击属性栏中的"立体的方向"按钮，在弹出的选项面板中拖动数字模型，此时可调整立体化对象的旋转方向，如图 6-126、图 6-127、图 6-128 所示。

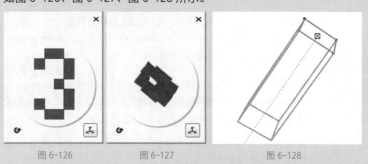

图 6-126　　　　　图 6-127　　　　　图 6-128

3. 调整立体对象的颜色

选择图形对象，在交互式立体化工具属性栏的"立体化颜色"下拉选项面板中单击"使用纯色"按钮，可看到显示的颜色即为刚才在调色板中单击的颜色，如图 6-129、图 6-130 所示。

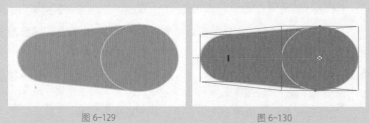

图 6-129　　　　　　　　图 6-130

如果在颜色面板中单击"递减的颜色"按钮，即可切换到相应的面板中，分别单击"从"和"到"下拉按钮，设置不同的颜色，此时，图形的颜色随设置颜色的变换而变换。如图 6-131、图

6-132 所示，分别为使用不同的递减颜色的图形效果和颜色面板设置图。

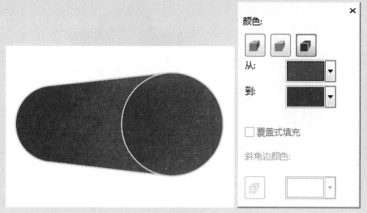

图 6-131

图 6-132

4．调整立体对象的照明效果

调整立体对象的照明是通过模拟三维光照原理为立体化对象添加更为真实的光源照射效果，从而丰富图形的立体层次，赋予更真实的光源效果。

选择图形，如图 6-133 所示，使用交互式立体化工具，使用"立体右上"预设，制作出立体化图形效果，如图 6-134 所示。在属性栏中单击"立体化照明"下拉按钮，在弹出的选项面板中分别单击相应的数字按钮，添加多个光源效果。同时还可在光源网格中单击拖动光源点的位置，结合使用"强度"滑块调整光照强度，对光源效果进行整体控制，设置完成后，可在页面中同步查看到应用光照效果的图形效果，如图 6-135 所示。

图 6-133

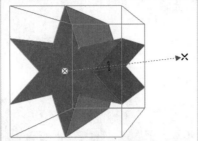
图 6-134

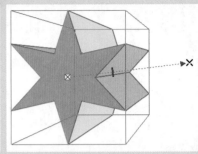
图 6-135

6.1.7 透明度工具

交互式透明效果不仅可以运用于矢量图形，还可以运用于位图图像。包括 6 种透明度方式：无透明度、均匀透明度、渐变透明度、向量样式透明度、位图图样透明度、双色图样透明度，下面对这些透明度方式进行介绍。

- 无透明度：单击此选项可删除透明度。选项栏中仅出现合并模式，选择透明度颜色与下方颜色调和的方式。
- 均匀透明度：单击该选项，可挑选透明度及设置透明度的值，并制定透明度目标。
- 渐变透明度：单击该选项，会出现 4 种渐变类型：线性渐变、椭圆形渐变、锥形渐变、矩形渐变，选择不同的渐变类型，可应用不同的渐变效果。
- 向量样式透明度：单击该选项，在选项栏中可设置合并模式、前景透明度、背景透明度、水平 / 垂直镜像平铺等。
- 位图图样透明度：设置参数及样式的属性与向量样式透明度相似，在此不做具体介绍。
- 双色图样透明度：设置参数及样式的属性与向量样式透明度、位图图样透明度相似，在此不做具体介绍。

使用透明度工具可快速赋予矢量图形或位图图像透明效果，下面对该工具的操作方法进行介绍。

1. 调整对象透明度类型

调整对象透明度类型是指通过设置对象的透明状态以调整其透明效果。在页面中绘制图形，单击交互式透明度工具，在属性栏的"透明度类型"下拉列表框中选择相应的选项，对图形对象的透明度进行默认调整，若对默认的调整效果不是很满意，可在"透明中心点"和"角度和边界"数值框中设置中心点的位置、透明的角度和边界效果。

> **操作技能**
>
> 在"立体化照明"下拉按钮的选项面板中，还可通过勾选或取消勾选"使用全色范围"复选框，来调整立体化对象的颜色，即是否采用完全的色彩排列效果。

值得注意的是，这些操作也可直接在图形对象中通过白色的中心点和箭头图标调整。

如图6-136、图6-137、图6-138所示，分别为运用"无透明度""线性渐变""矩形渐变"3种不同的透明度类型的图形效果。此时还可看到，结合对中心点和角度的调整，能让图形呈现出更多不同程度的透明效果。

图6-136   图6-137   图6-138

2．调整透明对象的颜色

要调整设置透明效果的图形对象的颜色，可通过直接调整图形对象的填充色和背景色进行，同时也可在该工具属性栏的"透明度操作"下拉列表框中设置相应的选项，从而通过调整其图形对象颜色与背景颜色的混合关系，产生新的颜色效果。

选择图形对象，为其添加"圆锥"类型透明效果，在"透明度操作"下拉列表框中选择相应的选项，如图6-139、图6-140所示。

图6-139   图6-140

在相同的透明度类型和参数下，在"透明度操作"下拉列表框中选择"差异""饱和度"和"绿"选项的图形效果，如图6-141、图6-142、图6-143所示。

图6-141

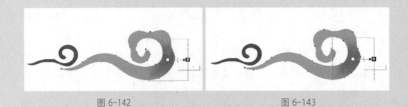

图 6-142　　　　　　　　　　　　图 6-143

6.2　其他效果

在 CorelDRAW X7 中，除了用工具箱中的交互式特效工具为图像对象添加特殊效果外，还可通过"添加透视"命令和"透镜""斜角"泊坞窗进行特殊效果的添加和制作，从而丰富图像效果。

6.2.1　透视点效果

透视点效果是在图形的绘制和编辑过程中经常用到的操作，广泛运用于建筑效果图、产品包装效果图以及书籍装帧设计效果图的制作。通过添加透视点功能可调整图形对象的扭曲度，从而使对象产生近大远小的透视关系。

选择图形对象，如图 6-144 所示，执行"效果"|"添加透视"命令，此时在图形对象周围出现具有透视感的红色虚线网格，按住 Ctrl 键的同时拖动虚线网格的控制柄，将其调整到合适的位置，如图 6-145所示。

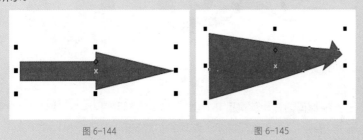

图 6-144　　　　　　　　　　　　图 6-145

操作技能

在 CorelDRAW X7中，添加透视点效果只能应用在独立的图形对象上，在独立群组中可以添加透视点并进行调整操作，而在同时选择多个图形对象的情况下则不能使用该功能。

6.2.2　透镜效果

通过"透镜"泊坞窗可以为图形对象添加不同类型的透镜效果，在调整对象的显示内容时，也可调整其色调效果。

执行"窗口"|"泊坞窗"|"效果"|"透镜"命令，打开"透镜"泊坞窗，如图 6-146 所示。当未应用任何透镜效果时，"透镜"泊坞窗中的预设选项呈灰色未激活状态，且在预览窗口不显示任何透镜效果。

当在"透镜类型"下拉列表框中选择一个透镜选项后，此时泊坞窗中显示使用透镜的示意图效果，同时相关选项也被激活，下面对其进行介绍。

图 6-146

- 预览窗口：在页面中绘制或打开图形后，此时以简洁的方式显示出当前所选图形对象所选择的透镜类型的作用形式。

- "透镜类型"下拉列表框：用于设置透镜类型，如变亮、颜色添加、色彩限度、自定义彩色图、鱼眼以及线框等类型。选择不同的透镜类型，会提供相对应的设置选项。

- "冻结"复选框：勾选该选项，将冻结透镜对象和另一个对象的相交区域，冻结对象后移动对象至其他地方，最初应用透镜效果的区域也会显示为相同的效果。

- "视点"复选框：勾选该选项，即使背景对象发生变化也会动态维持视点。

- "移除表面"复选框：勾选该选项，一处透镜对象和另一个对象不相叠的区域，从而使无重叠区域不受透镜的影响，此时被透镜所覆盖的区域不可见。

- "应用"按钮和"解锁"按钮：这两个按钮之间有一定的联系，在未解锁状态下，可直接应用对象的任意透镜效果。单击"解锁"按钮后，"应用"按钮将被激活。此时若更改相应选项设置，只有单击"应用"按钮，才能应用到对象中。

透镜效果的添加方法极为简单，在图形中选择需要进行透镜效果的图形对象，如图 6-147 所示，在"透镜"泊坞窗中的"透镜类型"下拉列表框中选择合适的类型，在面板中设置相应参数，然后单击"应用"按钮，相应透镜后的效果如图 6-148 所示。

需要说明的是，透镜效果只能运用于矢量图形，对位图则无法使用该功能。

图 6-147

图 6-148

■ 6.2.3 斜角效果

为图形对象添加斜角效果是指在一定程度上为图形对象添加立体化效果或浮雕效果，同时还可对应用斜角效果后的对象进行拆分。

在"斜角"泊坞窗中，可对图形对象进行立体化处理，也可进行平面化样式处理。

执行"窗口"｜"泊坞窗"｜"斜角"命令，打开"斜角"泊坞窗。要设置并应用"斜角"泊坞窗，需要选择一个已经填充颜色的图形对象，这样才能激活相应的灰色选项，如图 6-149 所示。

下面对其中的选项进行介绍：

- "样式"下拉列表框：用于为对象添加不同的斜角样式。
- "斜角偏移"栏：用于为对象添加斜角之后的斜角在对象中的位置和状态。
- "阴影颜色"下拉按钮：用于对对象的斜角的阴影颜色进行设置。
- "光源控件"栏：用于设置光源的颜色、强度、方向和高度。
- "应用"按钮：单击该按钮即可应用设置。

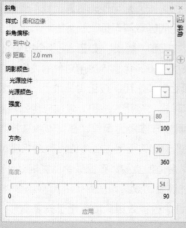

图 6-149

> **操作技能**
>
> 更改"光源颜色"后，将以该颜色调和至斜角对象的光源颜色中。其中，"强度"选项可增强光照的明暗对比强度，数值越大，对比越强；"方向"选项可调整光源的照射方向；"高度"选项可调整光照的敏感平滑度，数值越大，光源高度越低，效果越平滑。

选择图形，如图 6-150 所示，执行 "窗口" | "泊坞窗" | "斜角" 命令，打开 "斜角" 泊坞窗。在 "样式" 下拉列表框中选择 "柔和边缘" 选项，点选 "距离" 按钮，设置距离参数，同时对阴影颜色和光源颜色进行设置。单击 "应用" 按钮，可看到图形的斜角效果，如图 6-151 所示。

此外，可点选 "到中心" 按钮，保持其他颜色和参数不变，再次单击 "应用" 按钮，图像效果发生了变化，如图 6-152 所示。

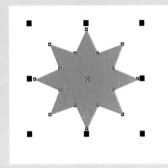
图 6-150

图 6-151

图 6-152

自己练 PRACTICE YOURSELF

■ 项目练习 "一城天"地产广告设计与制作

项目背景

制作一个如图 6-153 所示的户外广告,以增加销售额,提高宣传力度。

项目要求

从"宜居、生态"的概念着手,将"水"的概念与"一"字图形相结合,着重体现"一城天,宜居住"的人文概念。

项目分析

设计时,主要运用图框精确剪裁功能对文字图形和水纹进行效果制作。logo 文字图形主要采用手绘书法体来实现,借助图框精确剪裁功能,将水纹与文字图形进行巧妙结合,下面的水纹效果同样使用图框精确剪裁功能来完成。射灯效果使用矩形工具、手绘工具和合并功能,执行步长和重复命令来实现多个射灯的复制。最后使用矩形工具绘制立柱,使用渐变工具添加立体感。

项目效果

图 6-153

课时安排

1 课时

CHAPTER 07

制作企业标志

——位图图像操作详解

本章概述 OVERVIEW

位图图像的处理是CorelDRAW X7强大功能的一种体现，将矢量图
和位图有机地结合在一起，可更快使用软件，不必在两种软件中
来回切换。本章主要介绍位图和矢量图的转换以及位图的编辑。

■ 核心知识

位图的导入和转换 ★★☆
位图的编辑 ★★☆
位图的色彩调整 ★★★

至方科技公司标志的设计与制作

调和曲线

跟我学 LEARN
WITH ME

■ 至方科技公司标志的设计与制作

作品描述：logo 设计指的是商品、企业、网站等为其主题或者活动等
设计标志的一种行为。起到识别和推广公司的作用。通过形象的 logo
可以让消费者记住企业和品牌文化。下面将对制作珠宝公司标志的过
程展开详细介绍。

实现过程

1. 制作广告背景

　　下面将标志的制作，主要使用钢笔工具和交互式填充工具。

STEP 01 打开 CorelDRAW 软件，执行"文件"|"新建"命令，
在打开的"创建新文档"对话框中设置参数，如图 7-1 所示。

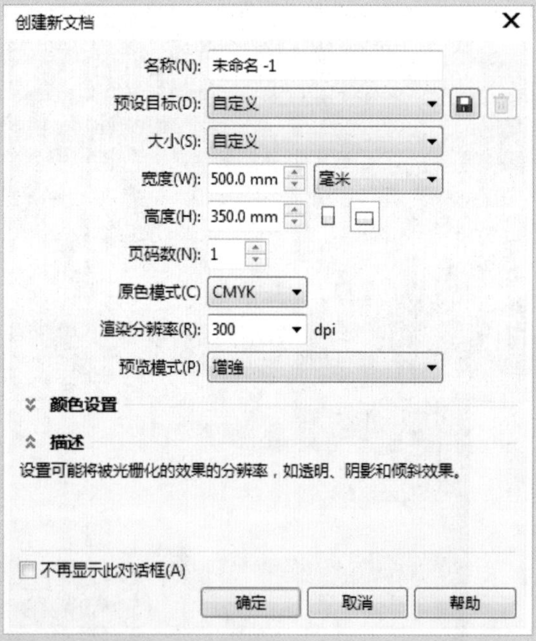

图 7-1

STEP 02 双击工具箱中的矩形工具，绘制和绘图区相同大小的
矩形背景，如图 7-2 所示。

STEP 03 按 Shift+F11 组合键，打开"编辑填充"对话框，设置
矩形的渐变填充，如图 7-3 所示。

STEP 04 单击"确定"按钮，效果如图 7-4 所示。

图 7-2

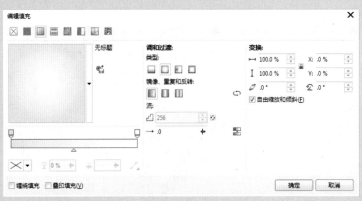

图 7-3

图 7-4

STEP 05 选择工具箱中的钢笔路径,绘制一个类似 V 形的闭合路径,如图 7-5 所示。

STEP 06 按 Shift+F11 组合键,在打开的"编辑填充"对话框中,设置填充参数,如图 7-6 所示。

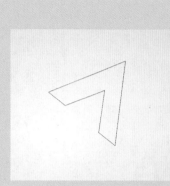

图 7-5

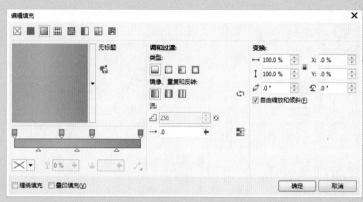

图 7-6

STEP 07 单击"确定"按钮，按 Ctrl+C 组合键复制，按 Ctrl+V
组合键粘贴，移动并调整至合适位置，如图 7-7 所示。

图 7-7

STEP 08 选中复制的图形，单击鼠标右键执行"顺序"|"向后
一层"命令，或按 Ctrl+PageDown 组合键，使其向后移动一层，
如图 7-8 所示。

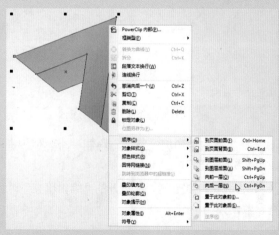

图 7-8

STEP 09 移动后的效果如图 7-9 所示。选择工具箱中的调和工具，单击后一层的形状，并拖动鼠标至第一层图形的上方，如图 7-10 所示。调和后的效果，如图 7-11 所示。

STEP 10 根据调和后的形状使用钢笔工具绘制立面体的闭合路径，如图 7-12 所示。

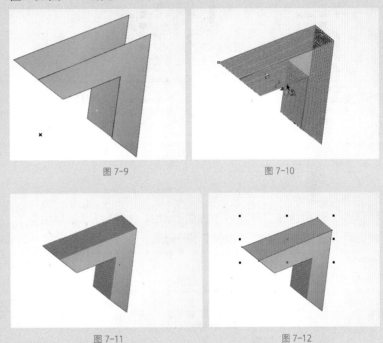

图 7-9   图 7-10

图 7-11   图 7-12

STEP 11 继续使用同样方法绘制其他两个部分的闭合路径，为查看清晰，此处使用不同颜色，效果如图 7-13 所示。

STEP 12 执行"窗口"|"泊坞窗"|"对象管理器"命令，打开"对象管理器"面板，如图 7-14 所示。

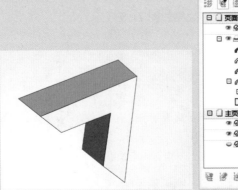

图 7-13

图 7-14

STEP 13 在"对象管理器"面板中单击"调和群组"，使其呈选中状态，如图 7-15 所示。

STEP 14 按 Delete 键，将其删除，效果如图 7-16 所示。

图 7-15　　　　　　　　　　　　图 7-16

STEP 15 使用选择工具选中上方图形，按 F11 键打开"编辑填充"对话框，设置渐变参数，如图 7-17 所示。

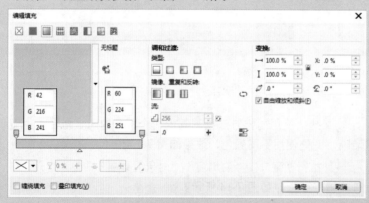

图 7-17

STEP 16 单击"确定"按钮，效果如图 7-18 所示。

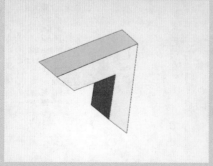

图 7-18

STEP 17 在界面右侧的调色板中的"无"色块上，单击鼠标右键去除轮廓线颜色，效果如图 7-19 所示。

STEP 18 选中黄色图形，按 F11 键打开"编辑填充"对话框，设置渐变参数，如图 7-20 所示。

图 7-19

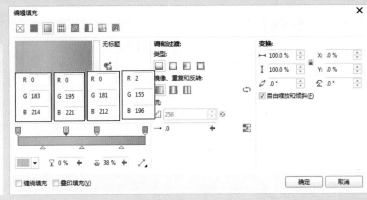

图 7-20

STEP 19 单击"确定"按钮，去除其轮廓线，效果如图 7-21 所示。

STEP 20 使用选择工具选中紫色图形，按 F11 键打开"编辑填充"对话框，设置渐变参数，如图 7-22 所示。

图 7-21

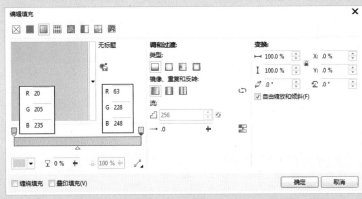

图 7-22

STEP 21 单击"确定"按钮，去除轮廓线，效果如图 7-23 所示。

STEP 22 使用选择工具，按 Shift 键加选 3 个图形，按 Ctrl+G 组合键，将其编组，如图 7-24 所示。

STEP 23 按 Ctrl+C 组合键复制，按 Ctrl+V 组合键粘贴，如图 7-25 所示。

STEP 24 在选中的状态下，在属性栏中设置水平镜像，效果如图 7-26 所示。

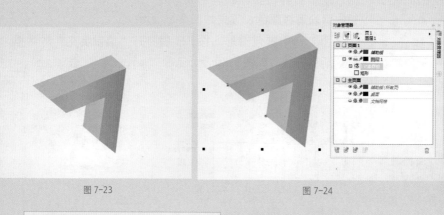

图 7-23   图 7-24

图 7-25   图 7-26

STEP 25 再次在属性栏中单击"垂直镜像"按钮，效果如图 7-27 所示。

STEP 26 使用工具箱中的选择工具，将其移动至合适位置，效果如图 7-28 所示。

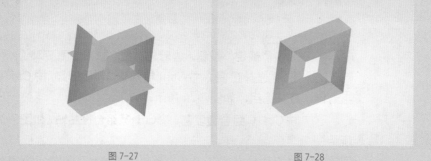

图 7-27   图 7-28

STEP 27 选择复制的组，单击鼠标右键，执行"取消组合对象"命令，如图 7-29 所示。

STEP 28 选择复制组的 V 形形状，按 F11 键打开"编辑填充"对话框，如图 7-30 所示。

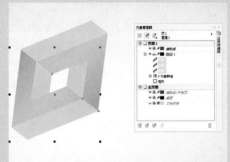

图 7-29

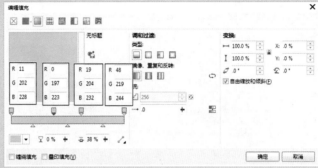

图 7-30

STEP 29 单击"确定"按钮，填充渐变颜色，效果如图 7-31 所示。
STEP 30 选择复制组的矩形形状，按 F11 键打开"编辑填充"对话框，如图 7-32 所示。

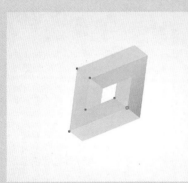

图 7-31

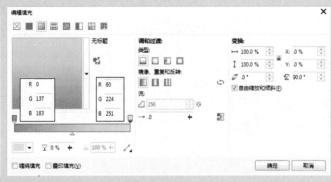

图 7-32

STEP 31 单击"确定"按钮，填充渐变颜色，效果如图 7-33 所示。
STEP 32 选择复制组的不规则形状，按 F11 键打开"编辑填充"对话框，如图 7-34 所示。

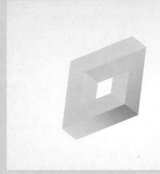

图 7-33

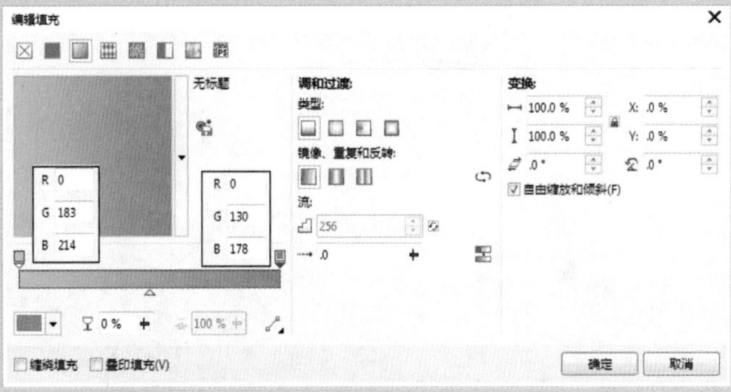

图 7-34

STEP 33 单击"确定"按钮，填充渐变颜色，效果如图 7-35 所示。

STEP 34 选择工具箱中的椭圆形工具，绘制一个白的椭圆形，如图 7-36 所示。

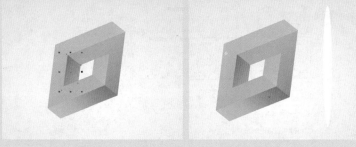

图 7-35   图 7-36

STEP 35 选择工具箱中的透明度工具，单击椭圆形并在属性栏中调整渐变类型为"渐变透明度"，效果如图 7-37 所示。

STEP 36 在属性栏中设置渐变样式为"椭圆形渐变透明"，效果如图 7-38 所示。

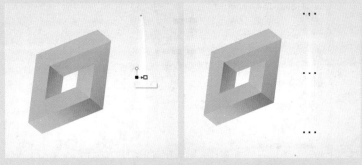

图 7-37   图 7-38

STEP 37 选中椭圆形渐变，将光标移至任意两侧中间控制点处，拖动鼠标缩小其宽度，制作光效效果，如图 7-39 所示。

STEP 38 使用同样方法调整长度，在属性栏中设置旋转角度为 352°，调整其至合适位置，效果如图 7-40 所示。

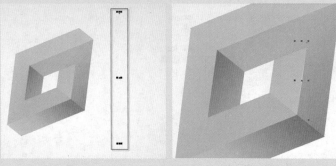

图 7-39   图 7-40

STEP 39 按 Ctrl+C 组合键复制，按 Ctrl+V 组合键粘贴，并调整至合适位置，如图 7-41 所示。

STEP 40 使用同样方法制作其他 4 处光效，效果如图 7-42 所示。

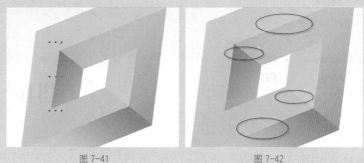

图 7-41   图 7-42

2. 制作最终效果图

下面将讲解最终效果图制作，主要使用透明度工具制作炫酷背景效果。

STEP 01 选中除背景外的所有图形，按 Ctrl+G 组合键将其编组，使用椭圆形工具，在标志下方绘制黑色椭圆，如图 7-43 所示。

STEP 02 选择工具箱中的透明度工具，在属性栏中调整渐变类型为"渐变透明度"，设置渐变样式为"椭圆形渐变透明"，效果如图 7-44 所示。

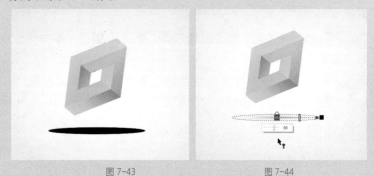

图 7-43   图 7-44

STEP 03 选中文本工具，在下方输入企业名称，执行"窗口"|"泊坞窗"|"文本"|"文本属性"命令，在打开的"文本属性"对话框中设置字体、字号，如图 7-45、图 7-46 所示。

STEP 04 使用文本工具输入文本内容，在"文本属性"面板中设置字体、字号、字体颜色，如图 7-47、图 7-48 所示。

图 7-45

图 7-46

图 7-47

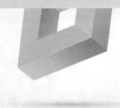

图 7-48

STEP 05 选择工具箱中的 2 点线工具，按 Shift 键在文字左侧绘制一条直线，效果如图 7-49 所示。

STEP 06 在调色板中右击灰色色块，将直线颜色设置为灰色，按 Ctrl+C、Ctrl+V 组合键复制、粘贴，并调整至合适位置，效果如图 7-50 所示。

图 7-49

图 7-50

STEP 07 选择标志图形并复制其至页面左上角，设置旋转角度，并放大图形，效果如图 7-51 所示。

STEP 08 选择透明度工具，在属性栏中调整渐变类型为"渐变透明度"，效果如图 7-52 所示。

图 7-51

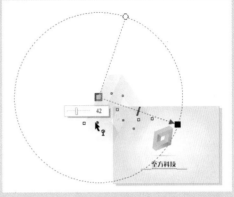

图 7-52

STEP 09 按 Ctrl+C、Ctrl+V 组合键复制、粘贴，并移动至合适位置，调整大小与旋转角度，效果如图 7-53 所示。

STEP 10 选中右上方图形，单击鼠标右键执行"PowerClip 内部"命令，如图 7-54 所示。

图 7-53

图 7-54

STEP 11 当光标变为黑色箭头时，单击下方矩形背景，将图形置入矩形内部，效果如图 7-55 所示。

STEP 12 使用同样方法将右上方图形置入矩形背景，效果如图 7-56 所示。

图 7-55

图 7-56

STEP 13 最终完成效果如图 7-57 所示。

图 7-57

7.1 位图的导入和转换

位图是 CorelDRAW X7 的核心，下面介绍位图的导入和转换。

7.1.1 导入位图

位图图像较为特殊，不能通过执行"打开"命令将其打开，只能执行"导入"命令将其导入到工作界面中。CorelDRAW X7 提供了 3 种导入位图图像的方法，分别是执行"文件"|"导入"命令导入、使用 Ctrl+I 组合键导入和使用标准工具栏中的按钮导入。

7.1.2 调整位图大小

单击选择工具，选择位图后，将鼠标指针放置在图像周围的黑色控制点上，然后单击并拖动图像即可调整位图的大小；另一种方式是直接选择位图后，在调整工具属性栏中直接输入文字的宽度和高度，按 Enter 键确认，改变位图的大小。

7.2 位图的编辑

位图的编辑是位图学习的重点，下面进行介绍。

7.2.1 裁剪位图

位图也可以进行图形的裁切，有两种方法可以快速达到想要的效果。选择位图图像，如图 7-88 所示，单击形状工具，图像周围出现节点。通过转换节点等编辑操作调整位图形状，将形状外的图像进行自动裁切，效果如图 7-59 所示。

图 7-58

图 7-59

■ 7.2.2 矢量图与位图的转换

在 CorelDRAW X7 中，矢量图和位图是可以进行相互转换的。将矢量图转换为位图后，使用调和曲线、替换颜色等对位图图像的颜色进行调整，从而使图像效果更真实。将位图转换为矢量图，则可以保证图像效果在打印过程中不变形。下面分别介绍矢量图和位图的转换方法。

1. 矢量图转换为位图

打开或绘制矢量图形，执行"位图 / 转换为位图"命令，打开"转换为位图"对话框，如图 7-60 所示。分辨率、光滑处理、透明背景等进行设置，单击"确定"按钮，将矢量图转换为位图。

需要注意的是，将矢量图转换为位图后，即可对其执行相应的调整操作，如颜色转换等，使图像效果发生较大的改变。

图 7-60

2. 位图转换为矢量图

导入位图，选择图像，在选择工具属性栏中单击"描绘位图"按钮，弹出菜单，在其中有"快速描摹""中心线描摹"以及"轮廓描摹"等命令。在"中心线描摹"和"轮廓描摹"命令下还有多个子命令，可根据需要进行设置。

"快速描摹"命令没有参数设置对话框，选择该选项后软件自动执行转换。而选择"徽标""剪贴画"等命令，则会打开 PowerTRACE 对话框，可对细节、平滑以及是否删除原始图像进行设置。如图 7-61、图 7-62 所示，分别为原位图图像以及通过快速描摹方式转换的矢量图效果。

图 7-61

图 7-62

7.3　快速调整位图

　　要对位图的颜色进行调整，可使用软件自带的颜色调整命令。这些调整命令包括"自动调整"命令、"图像调整实验室"命令以及"矫正图像"命令，这些命令没有收录在"调整"命令中，但却能快速地对位图颜色进行调整。

■ 7.3.1　"自动调整"命令

　　"自动调整"命令是软件根据图像的对比度和亮度进行快速地自动匹配，让图像效果更清晰分明。需要注意的是，该命令没有参数设置对话框，只需选择位图图像后执行"位图"|"自动调整"命令，即可自动调整图像颜色。如图 7-63、图 7-64 所示，分别为原图像和使用"自动调整"命令调整后的位图效果。

图 7-63

图 7-64

■ 7.3.2 "图像调整实验室"命令

运用"图像调整实验室"命令，可快速调整图像的颜色，该命令在功能上集图像的色相、饱和度、对比度、高光等调色命令于一体，可同时对图像进行多方面的调整。"图像调整实验室"命令的使用方法是选择位图图像，如图 7-65 所示，执行"位图"│"图像调整实验室"命令，打开"图像调整实验室"对话框，在右侧栏中拖动滑块设置参数，以调整图像颜色，单击"确定"按钮，效果如图 7-66 所示。

图 7-65

图 7-66

需要注意的是，在调整过程中若对效果不是很满意，还可在"图像调整实验室"对话框中单击"重置为原始值"按钮，快速地将图像返回到原来的颜色状态，以便对其进行再次调整。

■ 7.3.3 "矫正图像"命令

执行"矫正图像"命令，可快速矫正构图上有一定偏差的位图图像，该命令是对旋转和裁剪功能的一种整体运用，将这两种操作进行了一体化的集结，并对效果进行实时预览，使对图像的调整更为精确，同时也提高了处理速度。

7.4　位图的色彩调整

位图图像的颜色调整除了通过执行"自动调整""图像调整实验室"以及"矫正图像"这 3 个命令外，还可以通过软件提供的系列调整命令进行。应用系列调整命令可快速改变位图图像的颜色、色调、亮度、对比度，让图像效果更符合使用环境，同时还可让位图图像显示出不同的效果。与此同时，还可执行"变换"和"校正"命令中的子命令，对图像的颜色进行特殊的效果处理。

■ 7.4.1　命令的应用范围

在 CorelDRAW X7 中，调整命令会因为针对的对象不同而有所区别，若是对位图图像进行调整，则能激活所有调整命令，若是针对矢量图，则部分调整命令呈灰色显示，表示不可用。

7.4.2　调和曲线

执行"调和曲线"命令，可以通过控制单个像素值，精确地调整图像中的阴影、中间值和高光颜色，从而快速调整图像的明暗关系。选择位图图像，如图 7-67 所示，执行"效果"｜"调整"｜"调和曲线"命令，打开"调和曲线"对话框，单击添加锚点，拖动锚点调整曲线，单击"确定"按钮应用调整，效果如图 7-68 所示。

图 7-67

图 7-68

7.4.3　亮度 / 对比度 / 强度

亮度是指图像的明暗关系。对比度表示图像中明暗区域中最暗与最亮之间不同亮度层次的差异范围。强度则是执行对比度和亮度的程度。执行"亮度 / 对比度"命令，调整所有颜色的亮度以及明亮区域与暗调区域之间的差异。选择位图图像，执行"效果"｜"调整"｜"亮度 / 对比度"命令，打开"亮度 / 对比度"对话框，拖动滑块，调整相应参数，完成后单击"确定"按钮。

■ 7.4.4　颜色平衡

执行"颜色平衡"命令，可在图像原色的基础上根据需要添加其他颜色，或通过增加某种颜色的补色，以减少该颜色的数量，从而改变图像的色调，达到纠正图像中偏色或只做出某种色调的图像的目的。选择位图图像，如图 7-69 所示，执行"效果"|"调整"|"颜色平衡"命令或按 Ctrl+Shift+B 组合键，打开"颜色平衡"对话框，拖动滑块设置参数，完成后单击"确定"按钮，效果如图 7-70 所示。

图 7-69

图 7-70

操作技能

　　预览窗口和预览按钮的关系是在使用系统调整命令时使用，若此时在相应的参数设置对话框中通过单击左上角的按钮打开了图像预览窗口，此时单击"预览"按钮即可在预览窗口中预览图像调整后的效果，而在页面中的图像则保持原有效果不变。若没有打开图像中的预览窗口，单击"预览"按钮，则在界面中看到相应的调整效果。

■ 7.4.5　替换颜色

执行"替换颜色"命令，可改变图像中部分颜色的色相、饱和度和明暗度，达到改变图像颜色的目的。该命令针对图像中某个颜色区域进行调整。选择图像，如图 7-71 所示，执行"效果"|"调整"|"替换颜色"命令，打开"替换颜色"对话框，在"原颜色"和"新建颜色"下拉列表框中对颜色进行设置。此时单击选定区空白处，可在图像中吸取原来颜色或是替换颜色，增加调整的自由度。完成颜色的设置后，

在"颜色差异"栏中拖动滑块调整参数，单击"确定"按钮，效果如图7-72所示。

图 7-71

图 7-72

■ 项目练习 "三度空间"酒店标志设计与制作

项目背景

为新开办的"三度空间"酒店制作一个标志，宣传其企业形象。

项目要求

根据企业名称、企业文化，制作标志风格要求画面真实，晶莹剔透，可用于网站、电子商务、工艺礼品等。

项目分析

绘制矩形并创建透视参考线，根据参考线的走向创建立体矩形，并为矩形添加渐变颜色，复制多个立体矩形并调整大小及位置，创建出镶嵌在一起的空间立体标志，最后添加文字信息，完成实例的制作。

项目效果

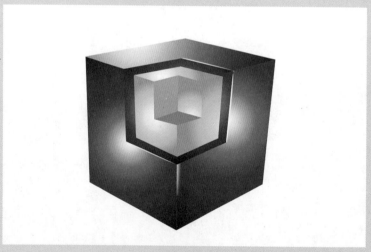

图 7-73

课时安排

2 课时

CHAPTER 08
制作宣传页
——滤镜特效的应用详解

本章概述 OVERVIEW

本章针对CorelDRAW中各类滤镜的功能和应用操作进行介绍，将较为特殊的三维滤镜提出作为一个独立小节。此外，还对软件中的如艺术笔触、模糊、创造性、扭曲等7类滤镜组中的滤镜进行了功能介绍和图例效果展示。

■ 核心知识
认识滤镜
掌握艺术笔触滤镜组中滤镜的功能 ★★
认识模糊滤镜组中滤镜的功能 ★★★
掌握创造性滤镜组中滤镜的功能 ★★

企业招聘宣传页

"调色刀"滤镜

跟我学 LEARN
WITH ME

■ 企业招聘宣传页的设计与制作

作品描述：招聘宣传页主要指用来公布招聘人才信息的广告，其设计好坏，直接影响到应聘者的素质和企业的竞争。下面将对制作企业招聘宣传页的过程展开详细介绍。

实现过程

1. 制作宣传页背景

下面将讲解如何制作宣传页背景，主要使用工具包括 2 点线、调和工具、钢笔工具、交互式填充工具等。

STEP 01　打开 CorelDRAW 软件，执行"文件"|"新建"命令，在打开的"创建新文档"对话框中设置参数，如图 8-1 所示。

STEP 02　双击工具箱中的矩形工具，绘制和绘图区相同大小的矩形，如图 8-2 所示。

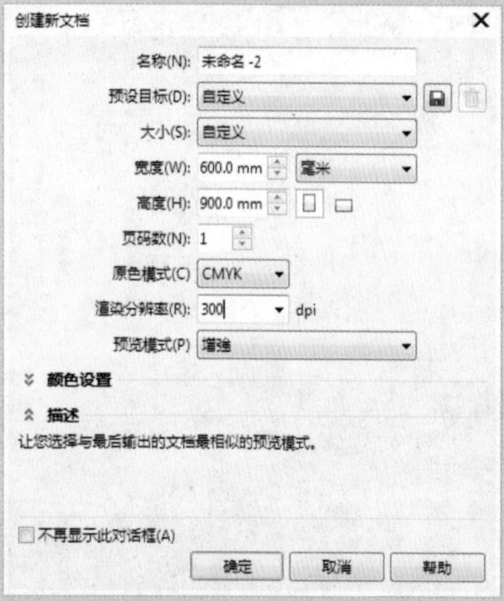

图 8-1　　　　　　　　图 8-2

STEP 03　按 Shift 键，在打开的"编辑填充"对话框中设置颜色参数，如图 8-3 所示。

STEP 04　单击"确定"按钮，填充颜色，在填充面板中的"无"色块上单击鼠标右键去除矩形轮廓线，如图 8-4 所示。

STEP 05　使用 2 点线，在空白处绘制一条长度为 1146mm 的水平直线，如图 8-5 所示。

STEP 06 执行"窗口"|"泊坞窗"|"对象属性"命令，在打开的"对象属性"对话框中，设置轮廓粗细、轮廓颜色，如图 8-6 所示。

图 8-3   图 8-4

图 8-5   图 8-6

STEP 07 在"对象属性"面板中，单击"轮廓颜色"下拉按钮，选择"更多"，如图 8-7 所示。

STEP 08 在打开的"选择颜色"面板中设置颜色参数，如图 8-8 所示。

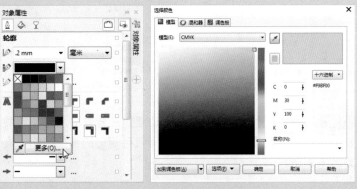

图 8-7   图 8-8

STEP 09 按 Ctrl+C 组合键复制，按 Ctrl+V 组合键粘贴，使用选择工具复制并移动至合适位置，如图 8-9 所示。

STEP 10 选择工具箱中的调和工具，单击选中上方的直线拖动选中下方的直线上方，如图 8-10 所示。

STEP 11 单击下方直线，确定调和，在其属性栏中设置调和对象数值为 250，效果如图 8-11 所示。

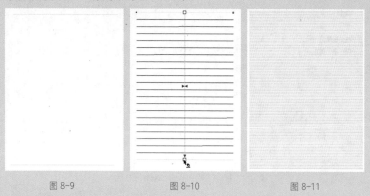

图 8-9　　　　　　图 8-10　　　　　　图 8-11

STEP 12 使用选择工具框选所有调和直线，按 Ctrl+G 组合键，将其编组，在属性栏中设置旋转参数为 300，效果如图 8-12 所示。

STEP 13 使用选择工具选中黄色背景矩形，单击鼠标右键执行"框类型"|"创建空 PowerClip 图文框"命令，如图 8-13 所示。

STEP 14 效果如图 8-14 所示。

图 8-12　　　　　　　　　　图 8-13　　　　　　　　　　图 8-14

STEP 15 选中调和组，将其拖曳移动至矩形背景的上方，效果如图 8-15 所示。调和组将其自动置入黄色矩形的框架内部，效果如图 8-16 所示。

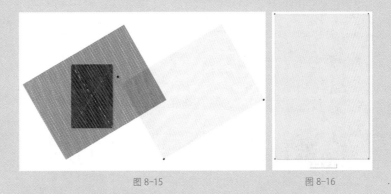

图 8-15   图 8-16

STEP 16 使用工具箱中的钢笔工具，绘制不规则闭合路径，如图 8-17 所示。

STEP 17 使用选择工具，选中下方的背景矩形，单击鼠标右键执行 "PowerClip 内部" 命令，如图 8-18 所示。

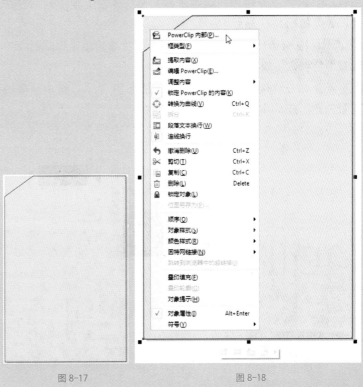

图 8-17   图 8-18

STEP 18 当光标变为黑色箭头时，单击上方不规则框架，将背景置入不规则框架中，效果如图 8-19 所示。

STEP 19 在色板中的 "无" 色块上单击鼠标右键，去除黑色轮廓线，效果如图 8-20 所示。

图 8-19   图 8-20

STEP 20 选择工具箱中的钢笔工具，在背景左上角绘制闭合路径，效果如图 8-21 所示。

STEP 21 按 Shift+F11 组合键，在打开的"编辑填充"对话框中设置颜色参数，如图 8-22 所示。

STEP 22 单击"确定"按钮，效果如图 8-23 所示。选中所有的背景内容，按 Ctrl+G 组合键，将其编组。

图 8-21   图 8-22   图 8-23

2. 制作宣传页版面内容

下面将介绍如何制作宣传页的版面内容，主要讲解文字的创意设计及宣传页版面内容的排版。

STEP 01 选择工具箱中的矩形工具，绘制一个矩形，设置填色为黑色，轮廓线为无，效果如图 8-24 所示。

STEP 02 在选中的状态下，在矩形上方再次单击鼠标，在控制方向上拖动鼠标，对齐并进行变形，作为"我"的第一笔，效果如图 8-25 所示。

图 8-24   图 8-25

STEP 03 使用矩形工具，并使用同样方法绘制"我"的笔画，效果如图 8-26 所示。

STEP 04 使用选择工具，选中右上角的一点，按 Shift+F11 组合键，在打开的"编辑填充"对话框中设置颜色为红色，效果如图 8-27 所示。

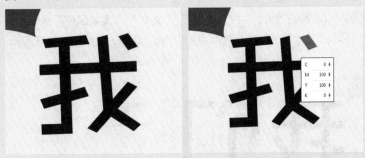

图 8-26   图 8-27

STEP 05 使用矩形工具，并使用同样方法绘制"们"的笔画，效果如图 8-28 所示。

STEP 06 使用选择工具，选中"人字旁"中的矩形笔画，按 Shift+F11 组合键，在打开的"编辑填充"对话框中设置颜色为红色，效果如图 8-29 所示。

图 8-28    图 8-29

STEP 07 使用同样方法，在"门"内的空白部分绘制"加入"的笔画，设置颜色为红色，效果如图 8-30 所示。

STEP 08 在选择工具中使用绘制选择区域的方法，选中"加入我们"的所有图形并将其编组，效果如图 8-31 所示。

图 8-30

图 8-31

STEP 09 选择文本工具，在"加入我们"下方输入文本内容，选中文本内容，将光标定位至控制点右下角，单击鼠标并拖动鼠标，对字体进行放大，效果如图 8-32 所示。

STEP 10 执行"窗口"|"泊坞窗"|"文本"|"文本属性"命令，在打开的"文本属性"对话框中，设置字体、字号，效果如图 8-33 所示。

图 8-32

图 8-33

STEP 11 选中"O、U"字母，设置字体颜色为红色，效果如图 8-34 所示。

STEP 12 使用文本工具，在下方输入文本内容，设置字体、字号，效果如图 8-35 所示。

图 8-34

图 8-35

STEP 13 在下方继续输入其他内容，设置字体、字号、字体颜色，效果如图 8-36 所示。

STEP 14 选择工具箱中的 2 点线工具，在文字右侧绘制直线，效果如图 8-37 所示。

图 8-36　　　　　　　　　　　图 8-37

STEP 15 使用选择工具，按 Shift 键，选中矩形和直线，执行"窗口"|"泊坞窗"|"造型"命令，在打开的"造型"面板中，选择"移除后面对象"选项，如图 8-38 所示。

STEP 16 单击"焊接到"按钮，效果如图 8-39 所示。

图 8-38

图 8-39

STEP 17 使用文字工具输入逗号，并在"对象属性"对话框中设置字体、字号，如图 8-40 所示。

STEP 18 单击"焊接到"按钮，移除效果如图 8-41 所示。

STEP 19 使用文字工具输入文字内容，设置字体、字号、字体颜色，调整位置，效果如图 8-42 所示。

STEP 20 选择工具箱中的直线工具，在"D 社团"下方绘制一

条直线，并在"对象属性"对话框中设置轮廓宽度为 1mm，效
果如图 8-43 所示。

图 8-40

图 8-41

图 8-42

图 8-43

STEP 21 执行"文件"|"导入"命令，导入素材文件"企业形
象 .png"，调整大小及位置，效果如图 8-44 所示。

STEP 22 使用同样方法，导入素材文件"瞄准镜 .png"，调整大
小及位置，最终完成效果如图 8-45 所示。

图 8-44

图 8-45

听我讲 LISTEN TO ME

8.1 认识滤镜

简单来讲，滤镜的功能类似于相机中各种特殊的镜头，通过对不同镜头的运用，能拍出不同效果的照片。滤镜也一样，使用不同的滤镜，能快速赋予图像不同的效果，这一功能不论是在 Photoshop 还是 CorelDRAW 中都适用。需要注意的是，CorelDRAW 中的滤镜只针对位图图像进行效果的处理。

8.1.1 内置滤镜

在 CorelDRAW X7 中，软件为用户提供了 70 多种不同特性的效果滤镜，由于这些滤镜是软件自带的，因此也称为内置滤镜，收录在"位图"菜单中，只需单击该菜单即可查看。

同时，软件对这些滤镜进行了归类，将功能相似的滤镜归入到一个滤镜组中，共分为"三维效果""艺术笔触""模糊""相机""颜色转换""轮廓图""创造性""扭曲""杂点"以及"鲜明化"10大类。每一类即一个滤镜组，每个滤镜组中还包含了多个滤镜效果命令，将鼠标光标在该滤镜组上稍作停留，即可显示出该组的相应滤镜，如图 8-46、图 8-47、图 8-48 所示，分别为"碳笔画""蜡笔画""梦幻色调"。每种滤镜都有各自的特性，可根据需要灵活运用。

图 8-46   图 8-47   图 8-48

8.1.2 滤镜插件

在 CorelDRAW X7 中，除了软件自带的内置滤镜外，系统还支持第三方提供的滤镜，即插件，需要在软件中进行插入才能使用。这类插件多是外挂厂商出品的适应该软件的效果滤镜，非常实用，能快速制作出某些特殊效果。插件需要根据不同外挂滤镜文件的形式进行安装。

值得注意的是，用户在安装插件时，应根据该插件相应的安装提示，将其安装到 \program files\CorelDRAW Graphics Suite X6/PlugIns 目录中。插件安装完成后只重新启动 CorelDRAW X7 软件即可。执行"位图"｜"插件"命令，选择安装的滤镜后，即可展开相应的滤镜子菜单对滤镜命令进行运用。

8.2　精彩的三维滤镜

在 CorelDRAW X7 中的所有滤镜组中，由于"三维效果"滤镜组较为特殊，故单独作为一个小节，以便进行更为详细的介绍。执行"位图"｜"三维效果"命令，在弹出的菜单中即可查看该组的滤镜，包括了"三维旋转""柱面""浮雕""卷页""透视""挤远/挤近"和"球面"7 种滤镜，使用这些滤镜能让位图图像呈现出三维变换效果，下面分别进行介绍。

8.2.1　三维旋转

使用"三维旋转"滤镜可以使平面图像在三维空间内进行旋转。选择位图图像，如图 8-49 所示，执行"位图"｜"三维效果"｜"三维旋转"命令，打开"三维旋转"对话框，在数值框中输入相应的数值，也可直接在左下角的三维效果中单击并拖动，进行效果调整，单击"确定"按钮，效果如图 8-50 所示。

操作技能

CorelDRAW X7 中的滤镜种类虽然较多，但在应用滤镜的操作上却较为相似，只需在界面中选择位图图像，在菜单栏中打开"位图"菜单，在其中选择滤镜组，并从中选择相应的滤镜命令，在打开的参数设置对话框中进行相关的设置，完成后单击"确定"按钮。

图 8-49

图 8-50

8.2.2　浮雕

使用"浮雕"滤镜可快速将位图制作出类似浮雕的效果，其原理是通过勾画图像的轮廓和降低周围色值，进而产生视觉上的凹陷或凸出效果，形成浮雕感。制作浮雕效果时，可根据不同的需求设置浮雕颜色、深度等。

选择位图图像，如图 8-51 所示，执行"位图"|"三维效果"|"浮雕"命令，打开"浮雕"对话框，调整合适的预览窗口，点选"原始颜色"按钮，进行参数设置。预览效果后，单击"确定"按钮，经过调整后出现的是一种类似锐化的效果，如图 8-52 所示。

 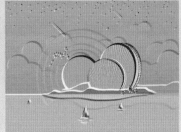

图 8-51 图 8-52

■ 8.2.3 卷页

卷页效果是指在图像的 4 个边角边缘形成内向卷曲的效果。使用"卷页"滤镜可快速制作出这样的卷页效果。

选择位图图像，如图 8-53 所示，执行"位图"|"三维效果"|"卷页"命令，打开"卷页"对话框，单击左侧的方向按钮设置卷页方向，同时还可点选"不透明"和"透明的"按钮，对卷页效果进行设置。另外，还可结合"卷曲"和"背景"下拉按钮对卷曲部分和背景颜色进行调整。单击按钮可在图像中取样颜色，卷页颜色以吸取的颜色进行显示。完成相关设置后进行预览，单击"确定"按钮，效果如图 8-54 所示。

图 8-53 图 8-54

■ 8.2.4 透视

透视是一个相对的空间概念，它用线条显示物体的空间位置、轮廓和投影，形成视觉上的空间感。使用"透视"滤镜可快速赋予图像三维的景深效果，从而调整其在视觉上的空间效果。

选择位图图像，如图 8-55 所示，执行"位图"|"三维效果"|"透视"命令，打开"透视"对话框。在其中可看到，透视效果有"透视"和"切变"

两种透视类型，点选相应的按钮即可进行应用。要改变图像的透视效果，可通过在左下角的方框图中调整 4 个节点。完成设置后进行预览，单击"确定"按钮，效果如图 8-56 所示。

图 8-55　　　　　　　　　　　　　图 8-56

■ 8.2.5　挤远 / 挤近

挤远效果是指使图像产生向外凸出的效果，挤近效果是指使图像产生向内凹陷的效果。使用"挤远挤近"滤镜可以使图像相对于中心点，通过弯曲挤压图像，从而产生向外或向内凹陷的变形效果。选择位图图像，如图 8-57 所示，执行"位图"|"三维效果"|"挤远 / 挤近"命令，打开"挤远 / 挤近"对话框，拖动"挤远 / 挤近"栏的滑块或在文本框中输入相应的数值，当数值为 0 时，表示无变化，当数值为正数时，将图像挤远，形成凹效果，当数值为负数时，将图像挤近，形成凸效果，如图 8-57 所示。完成后单击"确定"按钮，效果如图 8-58 所示。

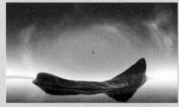

图 8-57　　　　　　　　　　　　　图 8-58

■ 8.2.6　球面

球面指以球心为顶点，在球表面切割等于球半径的平方面积，对应的立体角为球面弧度。CorelDRAW 的球面效果指在图像中形成平面凸起，模拟出类似球面的效果。要实现该效果可使用"球面"滤镜。

8.3　其他滤镜组

本节将对 CorelDRAW 中的多个滤镜组进行系统介绍，包括"艺术笔触""模糊""颜色转换""轮廓图""创造性""扭曲""杂点"以及"鲜明化"等滤镜组。

■ 8.3.1　艺术笔触

使用"艺术笔触"滤镜组中的滤镜可对位图图像进行艺术加工，赋予图像不同的风格效果。该滤镜组中包含了"炭笔画""单色蜡笔画""蜡笔画""立体派""印象派""调色刀""彩色蜡笔画""钢笔画""点彩派""木版画""素描""水彩画""水印画"以及"波纹纸画"14 种滤镜。下面分别对其功能进行介绍。

- 炭笔画：使用该滤镜，可以制作出类似使用炭笔在图像上绘制出来的图像效果，多用于对人物图像或照片进行艺术化处理。

- 单色蜡笔画、蜡笔画以及彩色蜡笔画：这 3 种滤镜都为蜡笔效果，能快速将图像中的像素分散，模拟出蜡笔画的效果。

- 立体派：使用该滤镜，可以将相同颜色的像素组成小颜色区域，从而让图像形成带有一定油画风格的立体派图像效果。

- 印象派：使用该滤镜，可以将图像转换为小块的纯色，创建类似印象派作品的效果。如图 8-59、图 8-60 所示分别为原图和应用"印象派"滤镜后的效果。

- 调色刀：使用该滤镜，可以使图像中相近的颜色相互融合，减少了细节，以产生写意效果。如图 8-61 所示为应用"调色刀"滤镜后的图像效果。

- 钢笔画：使用该滤镜，可为图像创建钢笔素描绘图的效果。如图 8-62 所示为应用"钢笔画"滤镜后的图像效果。

图 8-59

图 8-60

图 8-61

图 8-62

- 点彩派：使用该滤镜，可以快速赋予图像一种点彩画派的风格。
- 木版画：使用该滤镜，可以使图像产生类似由粗糙剪切的彩纸组成的效果，使得彩色图像看起来像是由几层彩纸构成，从而产生如刮涂绘画的效果。
- 素描：使用该滤镜，可以使图像产生素描绘画的手稿效果，该功能是绘制功能的一大特色体现。
- 水彩画：使用该滤镜，可以描绘出图像中景物形状，同时对图像进行简化、混合、渗透，从而产生水彩画的效果。
- 水印画：使用该滤镜，可以为图像创建水彩斑点绘画的效果。
- 波纹纸画：使用该滤镜，可以使图像看起来好像绘制在带有底纹的波纹纸上。

■ 8.3.2　模糊

使用"模糊"滤镜，可以对位图图像中的像素进行模糊处理。执行"位图"｜"模糊"命令，在弹出的子菜单中可以看到，该滤镜中包含了"定向平滑""高斯式模糊""锯齿状模糊""低通滤波器""动态模糊""放射式模糊""平滑""柔和"以及"缩放"9种滤镜。这些滤镜能矫正图像，达到柔和效果，还能表现多种动感效果，下面分别进行介绍。

- 定向平滑：该滤镜可在图像中添加微小的模糊效果，使图像中简便的区域变得平滑。
- 高斯式模糊：该滤镜可根据半径的数据使图像按照高斯分布变化快速的模糊图像，产生朦胧效果。
- 锯齿状模糊：该滤镜可为图像添加细微的锯齿状模糊效果。值得注意的是，该模糊效果不是非常明显，需要将图像放大后才能观察出变化效果。
- 低通滤波器：该滤镜可以调整图像中尖锐的边角和细节，让图像的模糊效果更柔和，形成一种朦胧的模糊效果。
- 动态模糊：该滤镜可以模仿拍摄运动物体的手法，通过使像素进行某一方向上的线性位移产生运动模糊效果。
- 放射式模糊：该滤镜可使图像产生从中心点放射的模糊效果。中心点处的图像效果不变，离中心点越远，模糊效果越强烈。
- 平滑：该滤镜可以减小相邻像素之间的色调差别，使图像产生细微的模糊变化。
- 柔和：该滤镜可以使图像产生轻微的模糊效果，但不会影响图像中的细节。
- 缩放：该滤镜可以使图像中的像素从中心点向外模糊，离中心点越近，模糊效果越弱。

操作技能

在模糊滤镜组中，"定向平滑""放射性模糊""柔和""缩放"等滤镜可应用于除48位的RGB，16位灰度，调色板和黑白模式之外的图像。

■ 8.3.3 颜色转换

使用"颜色转换"滤镜，可为位图图像模拟出一种胶片印染效果，且不同的滤镜制作出的效果也不尽相同。

执行"位图"|"颜色转换"命令，在弹出的子菜单中可以看到相应的滤镜，包含了"位平面""半色调""梦幻色调"和"曝光"4种滤镜，这些滤镜能转换像素的颜色，形成多种特殊效果。如图8-63所示。下面分别进行介绍。

图 8-63

- 位平面：该滤镜可将图像中的颜色减少到基本RGB颜色，使用纯色来表现色调，这种效果适用于分析图像的渐变。

- 半色调：该滤镜可为图像创建彩色的半色效果，图像由用于表现不同色调的不同大小的原点组成，在参数设置对话框中，调整"青""品红""黄"和"黑"选项的滑块，以指定相应颜色的筛网角度，如图8-64、图8-65所示，分别为原图像和应用"半色调"滤镜后的效果。

- 梦幻色调：该滤镜可将图像中的颜色转换为明亮的电子色，如橙青色、酸橙绿等。在参数设置对话框中，调整"层次"选项的滑块可改变梦幻效果的强度。数值越大，颜色变化效果越强，数值越小，则使图像色调更趋于在一个色调中。应用"梦幻色彩"滤镜后的图像效果如图8-66所示。

- 曝光：该滤镜可使图像转换为类似相机中的底片效果。在参数设置对话框中，拖动"层次"选项滑块可改变曝光效果的强度。应用"曝光"滤镜后的效果如图8-67所示。

图 8-64

图 8-65

图 8-66

图 8-67

■ 8.3.4 轮廓图

使用"轮廓图"滤镜，可以跟踪位图图像边缘，以独特的方式将复杂图像以线条的方式进行表现。在轮廓图滤镜中包含了"边缘检测""查找边缘""描摹轮廓"3 种滤镜命令。

- 边缘检测：该滤镜可快速找到图像中各种对象的边缘。在参数设置对话框中，可对背景以及检测边缘的灵敏度进行调整。

- 查找边缘：该滤镜可检测图像中对象的边缘，并将其转换为柔和的或者尖锐的曲线，这种效果也适用于高对比度的图像，在参数设置对话框中，点选"软"按钮可使其产生平滑模糊的轮廓线，点选"纯色"按钮可使其产生尖锐的轮廓线。如图 8-68、图 8-69 所示分别为原图像和使用"查找边缘"滤镜后的图像效果。

图 8-68   图 8-69

- 描摹轮廓：该滤镜以高亮级别 0~255 设定值为基准，跟踪上下端边缘，将其作为轮廓进行显示，这种效果适用于包含文本的高对比度位图。

▮ 8.3.5　创造性

使用"创造性"滤镜，可以将图案转换为各种不同的形状和纹理，该滤镜组中包含了"工艺""晶体化""织物""框架""玻璃砖""儿童游戏""马赛克""粒子""散开""茶色玻璃""彩色玻璃""虚光""漩涡""天气"14 种滤镜。下面分别进行介绍。

- 工艺：该滤镜可用拼图板、齿轮、弹珠、糖果、瓷砖以及等筹码形式改变图像的效果。在参数设置对话框中选择样式后，调整"大小"选项的滑块可以改变工艺品图块的大小，调整"完成"选项的滑块可设置对话框中选择的样式，调整"亮度"选项的滑块可改变光线的强弱。如图 8-70、图 8-71 所示分别为原图像和应用"工艺"滤镜后的效果。

- 晶体化：该滤镜可将图像转换为类似放大观察水晶时的细致块状效果。在参数设置对话框中，调整"大小"选项的滑块可改变水晶碎块的大小，应用"晶体化"滤镜后的图像效果如图 8-72所示。

● 织物：该滤镜可用刺绣，地毯钩织，彩格被子，珠帘，丝带以及拼纸等样式为图像创建不同的织物底纹效果。应用"织物"滤镜后的图像效果如图 8-73 所示。

图 8-70   图 8-71

图 8-72   图 8-73

● 框架：该滤镜可将图像装在预设的框架中，形成一种画框的效果。如图 8-74、图 8-75 所示分别为原图像和应用"框架"滤镜后的效果。

● 玻璃砖：该滤镜可将图像产生透过厚玻璃块所看到的效果，在参数设置对话框中，同时调整"块宽度"和"块高度"选项的滑块，以制作出均匀的砖形图案。应用"玻璃砖"滤镜后的图像效果如图 8-76 所示。

● 儿童游戏：该滤镜可以将图像转换为有趣的形状，在参数设置对话框中的"游戏"下拉列表框中，可以选择不同的形状。

● 马赛克：该滤镜可将原图像分割为若干个颜色块。在参数设置对话框中，调整"大小"选项的滑块可以改变颜色的大小，在背景色下位按钮中可以选择背景颜色，若勾选"虚光"复选框，则可在马赛克效果上添加一个虚光框架，应用"马赛克"滤镜后的图像效果如图 8-77 所示。

图 8-74   图 8-75

图 8-76　　　　　　　　　　　图 8-77

- 粒子：该滤镜可为图像添加星形或者气泡的微粒效果，调整"粗细"选项的滑块可以改变星形或者气泡的大小，调整"密度"选项的滑块可以改变星形或者气泡的密度，在竖直框中可以设置光线的角度，如图 8-78、图 8-79 所示分别为原图像和应用"粒子"滤镜后的效果。

- 散开：该滤镜可将图像中的像素散射，产生特殊的效果，在参数设置对话框中，调整"水平"选项的滑块可改变水平方向的散开效果，调整"垂直"选项的滑块可改变垂直方向的散开效果。应用散开滤镜后的图像效果如图 8-80 所示。

- 茶色玻璃：该滤镜可在图像上添加一层色彩，类似透过彩色玻璃看到的图像效果。

- 彩色玻璃：该滤镜得到的效果与结晶效果相似，但它可以设置玻璃之间边界的宽度和颜色，在参数设置对话框中，调整"大小"选项的滑块可以改变玻璃块的形状，调整"光源强度"选项的滑块可以改变光线的强度。应用"彩色玻璃"滤镜后的图像效果如图 8-81 所示。

图 8-78　　　　　　　图 8-79　　　　　　　图 8-80　　　　　　　图 8-81

- 虚光：该滤镜可在图像中添加一个边框，使图像根据边框向内产生朦胧效果。同时，还可对边缘的形状、颜色等进行设置，如图 8-82、图 8-83 所示分别为原图像和应用"虚光"滤镜后的效果。

● 漩涡：该滤镜可使图像绕指定的中心产生旋转效果。在参数设置对话框的"样式"下拉列表框中，可选择不同的旋转样式。应用"漩涡"滤镜后的图像效果如图 8-84 所示。

● 天气：该滤镜可在图像中添加雨、雪、雾等自然效果。在参数对话框的"预报"栏中可选择雪、雨或者雾效果。单击"随机化"按钮，则可使用雨、雪、雾等效果随机变化。应用"天气"滤镜后的图像效果如图 8-85 所示。

图 8-82

图 8-83

图 8-84

图 8-85

8.3.6　扭曲

使用"扭曲"滤镜，可以通过不同的方式对位图图形中的像素进行扭曲，从而改变图像中像素的组合情况，制作出不同的图像效果。该滤镜组中包含了"块状""置换""偏移""像素""龟纹""漩涡""平铺""湿笔画""涡流"和"风吹效果"10种滤镜。下面分别进行介绍。

- 块状：该滤镜可使图像分裂为若干小块，形成拼贴镂空效果。在参数设置对话框中，在"未定义区域"的下拉列表框中可设置图块之间空白区域的颜色。如图 8-86、图 8-87 所示分别为原图像和应用"块状"滤镜后的效果。

- 置换：该滤镜可在两个图像之间评估像素颜色的值，并根据置换图改变当前图像的效果。

- 偏移：该滤镜可按照指定的数值偏移整个图像，并按照指定的方法填充偏移后留下的空白区域。应用"偏移"滤镜后的效果如图 8-88 所示。

图 8-86　　　　　　　　　　图 8-87　　　　　　　　　　图 8-88

- 像素：该滤镜可将图像分割为正方形、矩形或者射线的单元。单击"正方形"或者"矩形"按钮创建夸张的数字化图像效果，或者单击"射线"按钮创建蜘蛛网效果。如图 8-89、图 8-90 所示分别为原图像和应用"像素"滤镜后的效果。

- 龟纹：该滤镜是通过为图像添加波纹产生变形效果。

- 漩涡：该滤镜可使图像按照指定的方向、角度和漩涡中心产生漩涡效果。应用"漩涡"滤镜后的效果如图 8-91 所示。

- 平铺：该滤镜可将图像作为平铺块平铺在整个图像范围内，多用于制作纹理背景效果。应用"平铺"滤镜后的图像效果如图 8-92 所示。

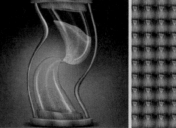

图 8-89　　　　　　　图 8-90　　　　　　　图 8-91　　　　　　　图 8-92

● 湿笔画：该滤镜可使图像产生一种类似于油画未干透，看起来颜料有种流动感的效果。在参数设置对话框中，调整"湿润"选项的滑块可设置水滴颜色的深浅。当数值为正数时，可产生浅色的水滴；当数值为负数时，可产生深色的水滴。如图 8-93、图 8-94 所示分别为原图像和应用"湿笔画"滤镜后的效果。

● 涡流：该滤镜可使图像添加流动的涡旋图案。在参数设置对话框中，在"样式"下拉列表框中可对其样式进行选择，可以使用预设的涡流样式，也可以自定义涡流样式。

● 风吹效果：该滤镜可在图像上制作出物体被风吹动后形成的拉丝效果。调整"浓度"选项的滑块可设置风的强度。调整"不透明"选项的滑块可改变效果的不透明程度。应用"风吹效果"滤镜后的效果如图 8-95 所示。

图 8-93

图 8-94

图 8-95

8.3.7　杂点

使用"杂点"滤镜，可在位图图像中添加或去除杂点。该滤镜组中包含了"添加杂点""最大值""中值""最小值""去除龟纹"和"去除杂点"6 种滤镜。下面分别进行介绍。

- 添加杂点：该滤镜可为图像添加颗粒状的杂点，使图像呈现出做旧的效果。如图 8-96、图 8-97 所示分别为原图像和应用"添加杂点"滤镜后的效果。
- 最大值：该滤镜根据位图最大值颜色附近的像素颜色值调整像素的颜色，以消除图像中的杂点。应用"最大值"滤镜后的效果如图 8-98 所示。
- 中值：该滤镜通过平均图像中像素的颜色值消除杂点和细节。在参数设置对话框中，调整"半径"选项的滑块可设置在使用这种效果时选择像素的数量。应用"中值"滤镜后的效果如图 8-99 所示。

图 8-96　　　　　　　图 8-97　　　　　　　图 8-98　　　　　　　图 8-99

- 最小值：该滤镜通过使图像像素变暗的方法消除杂点。在参数对话框中，调整"百分比"选项的滑块可设置效果的强度，调整"半径"选项的滑块可设置在使用这种效果时选择和评估的像素的数量，如图 8-100、图 8-101 所示。
- 去除龟纹：该滤镜可去除在扫描的半色调图像中经常出现的图案杂点。在参数设置对话框中调整"数量"，应用"去除龟纹"滤镜后的效果如图 8-102 所示。
- 去除杂点：该滤镜可去除扫描或者抓取的视频录像中的杂点，使图像变得柔和，这种效果通过比较相邻像素并求一个平均值，使图像变得平滑，应用"去除杂点"滤镜后的效果如图 8-103 所示。

图 8-100

图 8-101

图 8-102

图 8-103

自己练 PRACTICE YOURSELF

■ 项目练习　舞蹈招生海报的设计与制作

项目背景

　　此海报是为一家名为"设计学堂"培训班制作的招生海报，主要用于提高培训班招生人数。

项目要求

　　因此培训版的招生群体为学龄儿童，海报整体色彩要明亮，设计风格要活泼，宣传主题、信息及设计思路要明确。

项目分析

　　在整个设计过程中，海报整体色彩包括黄色、红色，颜色选择较温和不刺激，又起到吸引眼球的作用，从而提高招生人数；使用的工具包括：钢笔工具、矩形工具、手绘工具等；海报内容则使用文字工具进行输入；部分图形可执行"文件"｜"导入"命令进行置入。

项目效果

图 8-104

课时安排

2 课时

CHAPTER 09

制作杂志封面

——打印输出详解

本章概述 OVERVIEW

本章针对CorelDRAW中文件的打印和输出方面的知识进行介绍，根据实际的应用过程将其分成输出前的选项设置、打印预览设置和网络输出3个环节，并分别讲解。

■ 核心知识

掌握输出选项中的常规设置 ★ ☆ ☆

掌握优化图像的操作 ★ ★ ☆

掌握将图像发布到PDF的方法 ★ ★ ★

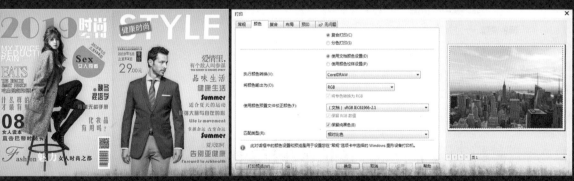

杂志封面的设计与制作   打印预览

跟我学 LEARN
WITH ME

■ 杂志封面的设计与制作

作品描述：杂志是有固定刊名，以期、卷、号或年、月为序，定期或
不定期连续出版的印刷读物。它根据一定的编辑方针，将众多作者的
作品汇集成册出版，定期出版的，又称期刊。杂志封面设计的好与坏
可决定其销售量。下面将对制作杂志封面的过程展开详细介绍。

实现过程

1. 制作杂志正面

下面将介绍如何制作杂志的正面，主要讲解色彩、文字与人物图
像的舒适排版，利用阴影工具可增加人物形象的立体感。

STEP 01 打开 CorelDRAW 软件，执行"文件"|"新建"命令，
在打开的"创建新文档"对话框中设置参数，如图 9-1、图 9-2 所示。

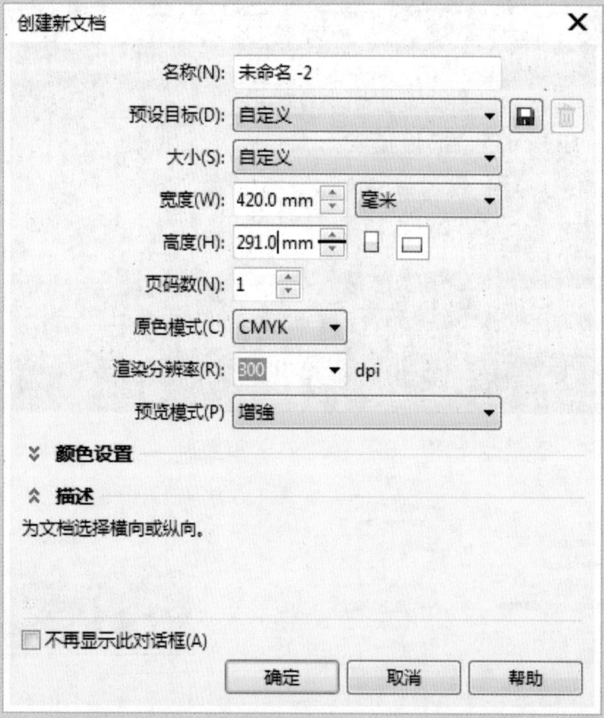

创建新文档 ✕

名称(N):	未命名 -2
预设目标(D):	自定义 ▼ 💾 🗑
大小(S):	自定义 ▼
宽度(W):	420.0 mm ⬍ 毫米 ▼
高度(H):	291.0 mm ⬍ ☐ ☐
页码数(N):	1 ⬍
原色模式(C):	CMYK ▼
渲染分辨率(R):	300 ▼ dpi
预览模式(P):	增强 ▼

≫ **颜色设置**

≪ **描述**

为文档选择横向或纵向。

☐ 不再显示此对话框(A)

确定　　取消　　帮助

图 9-1

图 9-2

STEP 02 选择工具箱中的矩形工具，绘制一个尺寸为
210mm×291mm 的矩形，并使其与页面水平居中对齐及左对齐，
如图 9-3 所示。

STEP 03 按 F11 键，在打开的"编辑填充"对话框中设置颜色参数，设置渐变类型为"椭圆形渐变填充"，如图 9-4 所示。

图 9-3

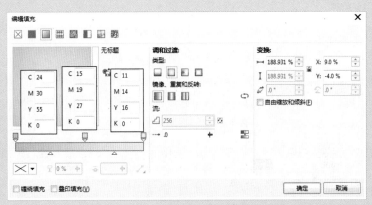

图 9-4

STEP 04 单击"确定"按钮，效果如图 9-5 所示。

图 9-5

STEP 05 选择工具箱中的文本工具，在矩形上方输入杂志正面主题内容，如图 9-6 所示。

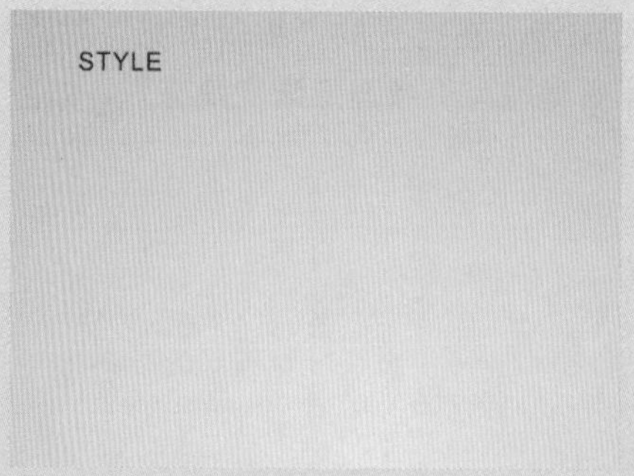

STYLE

图 9-6

STEP 06 执行"窗口"|"泊坞窗"|"文本"|"文本属性"命令，
在打开的"文本属性"对话框中设置字体、字号，如图 9-7、图 9-8
所示。

图 9-7

STYLE

图 9-8

STEP 07 选择工具箱中的钢笔工具，在文字上方绘制一个四边
形闭合路径，如图 9-9 所示。

STEP 08 按 Shift+F11 组合键，在打开的"编辑填充"对话框中
设置填充颜色的参数，如图 9-10 所示。

图 9-9

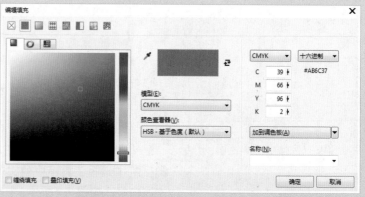

图 9-10

STEP 09 单击"确定"按钮，填充颜色，在调色板中"无"色块上单击鼠标右键，去除闭合路径的轮廓线，效果如图 9-11 所示。

STEP 10 选择工具箱中的阴影工具，选中四边形，在四边形中心位置单击鼠标，确定阴影中心控制点，拖动鼠标绘制阴影方向，效果如图 9-12 所示。

图 9-11   图 9-12

STEP 11 选择工具箱中的文本工具，在四边形上输入文本内容，并在"文本属性"面板中设置字体、字号及字体颜色，效果如图 9-13 所示。

STEP 12 保持"健康时尚"选中的状态，在属性栏中设置旋转角度为 9.2º，效果如图 9-14 所示。

图 9-13   图 9-14

STEP 13 执行"文件"|"导入"命令，导入素材文件"男士人物 .png"，调整大小，如图 9-15 所示。

STEP 14 选择工具箱中的阴影工具，选中"男士人物"图像，在"男士人物"图像中心位置单击鼠标，确定阴影中心控制点，拖动鼠标绘制阴影方向，效果如图 9-16 所示。

STEP 15 将人物移动至合适位置，选择工具箱中的矩形工具，在人物上方绘制矩形框架，去除轮廓线，效果如图 9-17 所示。

STEP 16 使用选择工具选中人物图像，单击鼠标右键执行"PowerClip 内部"命令，如图 9-18 所示。

图 9-15　　　　　　　　　　　图 9-16

图 9-17　　　　　　　　　　　图 9-18

STEP 17 当光标变为黑色箭头时，单击上方矩形，将人物图像置入矩形内部，效果如图 9-19 所示。

STEP 18 使用文字工具输入杂志封面其他文字信息，如图 9-20 所示。

图 9-19　　　　　　　　　　　图 9-20

STEP 19 使用文本工具选中日期中的"2019"，在书香栏中单击"下划线"按钮，效果如图 9-21 所示。

STEP 20 使用同样方法设置其他文字的下划线，效果如图 9-22 所示。

图 9-21　　　　　　　　图 9-22

STEP 21 使用矩形工具在售价上方绘制一个矩形，使其覆盖"售价"文字，设置填充色为黑色，效果如图 9-23 所示。

STEP 22 选中黑色矩形，按 Ctrl+End 组合键，将其移动至最后一层，再按 Ctrl+PageUp 组合键，将其向前移动一层，效果如图 9-24 所示。

图 9-23　　　　　　　　图 9-24

STEP 23 除背景图层外，全部选中，按 Ctrl+G 组合键将其编组，单击鼠标右键，执行"PowerClip 内部"命令，将其全部置入背景图层内部，效果如图 9-25 所示。

STEP 24 最终完成效果如图 9-26 所示。

图 9-25　　　　　　　　图 9-26

2. 制作杂志反面

　　下面将讲解如何制作杂志反面，其中通过文字之间的相互剪切而制作的文字效果最为复杂，制作时注意人物与文字图层之间的相互配合。

STEP 01 选择工具箱中的矩形工具，绘制和杂志正面相同大小的矩形，填充相同的渐变颜色，使其与页面水平居中对齐及左对齐，效果如图 9-27 所示。

STEP 02 选择工具箱中的文本工具，在矩形上方输入杂志反面主题内容，设置字体、字号，如图 9-28 所示。

图 9-27　　　　　　　　　　　　　　　　　　　　　　　　图 9-28

STEP 03 在"文本属性"面板中，单击均匀填充下拉按钮，设置字体颜色为黄色，如图 9-29、图 9-30 所示。

图 9-29　　　　　　　　　　　　　　　　　　　　　　　　图 9-30

STEP 04 使用文本工具输入文本内容，设置字体、字号，设置字体颜色为白色，效果如图 9-31 所示。

STEP 05 选中专刊，并将光标定位至文字下方中间处的控制按钮处，单击并拖动鼠标，对高度进行调整，效果如图 9-32 所示。

图 9-31  　　　　　　　　　　　　　图 9-32

STEP 06 使用文本工具在空白处分别输入 3 行文本内容，设置相同的字体、字号，如图 9-33 所示。

STEP 07 使用选择工具，移动位置使其相互之间叠加，效果如图 9-34 所示。

图 9-33  　　　　　　　　　　　　　图 9-34

STEP 08 按 Shift 键，选中上方的两行文字，按 Ctrl+C、Ctrl+V 组合键，进行复制与粘贴，并移动至其他地方，效果如图 9-35 所示。

STEP 09 执行"对象"|"造型"|"移除前面对象"命令，效果如图 9-36 所示。

图 9-35  　　　　　　　　　　　　　图 9-36

STEP 10 使用同样方法复制上方 2 行文字，并移动至其他位置，效果如图 9-37 所示。

STEP 11 选中上方一行文字，按 Ctrl+PageUp 组合键，将其移动至上方一层，选中复制的 2 行文字，执行"对象"|"造型"|"移除前面对象"命令，效果如图 9-38 所示。

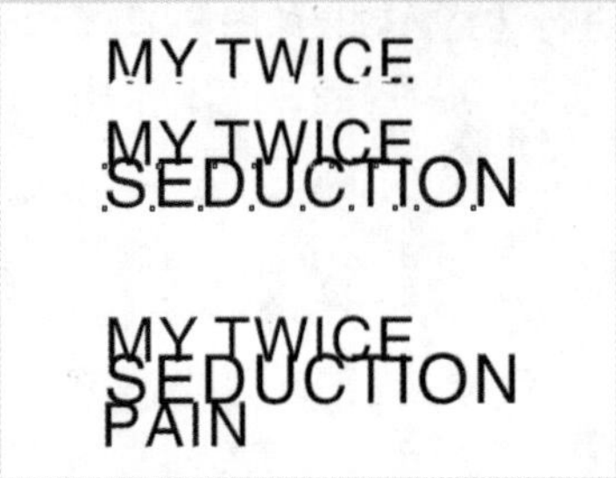

图 9-37

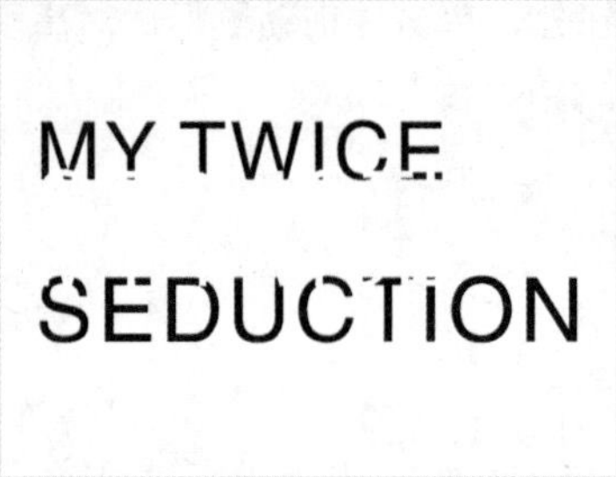

图 9-38

STEP 12 使用选择工具，调整位置，对制作的文字效果进行拼合，效果如图 9-39 所示。

STEP 13 使用同样方法制作第 2 行文字与第 3 行文字之间的效果，效果如图 9-40 所示。

图 9-39

图 9-40

STEP 14 使用选择工具，将制作的文字效果选中并调整其至杂志反面，改变颜色为白色，效果如图 9-41 所示。

STEP 15 使用文字工具，在下方输入文字内容，设置字体、字号，设置字体颜色为白色，效果如图 9-42 所示。

图 9-41

图 9-42

STEP 16 在"文本属性"对话框中，设置文字的轮廓颜色与轮廓宽度，如图 9-43 所示。

STEP 17 使用同样方法制作第 2 行文字与第 3 行文字之间的效果，效果如图 9-44 所示。

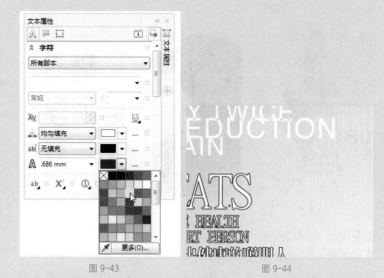

图 9-43　　　　　　　　　　　图 9-44

STEP 18 使用文本工具在其他位置输入文本内容，设置字体、字号及字体颜色，效果如图 9-45 所示。

STEP 19 执行"文件"|"导入"命令，导入素材文件"女士模特 .png"，调整大小与位置，效果如图 9-46 所示。

STEP 20 选择工具箱中的阴影工具，选中人物图像，在人物图像中心单击鼠标并拖动鼠标，创建投影，效果如图 9-47 所示。

STEP 21 在控制中心点处单击鼠标并向右拖动鼠标，调整控制中心点的位置，效果如图 9-48 所示。

图 9-45　　　　　　图 9-46　　　　　　图 9-47　　　　　　图 9-48

STEP 22 使用快捷键调整文字与人物图像的图层前后顺序，效果如图 9-49 所示。

STEP 23 选择工具箱中的椭圆形工具，按 Ctrl 键绘制一个正圆，设置填充色为褐色，并调整至合适位置，效果如图 9-50 所示。

图 9-49

图 9-50

C	39
M	66
Y	96
K	2

操作技能

Ctrl+Home 组合键为调整至最上方，Ctrl+End 组合键为调整至最下方，Ctrl+PageUp 组合键为向前一层调整，Ctrl+PageDown 组合键为向后一层调整。

STEP 24 使用椭圆形绘制正圆，设置颜色为黄色，去除轮廓线，效果如图 9-51 所示。

STEP 25 使用钢笔工具在正圆上绘制闭合路径，效果如图 9-52 所示。

图 9-51

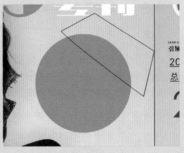

图 9-52

STEP 26 按 Shift 键选中正圆与闭合路径，执行"对象"|"造型"|"移除前面对象"命令，效果如图 9-53 所示。

STEP 27 使用文字工具在黄色曲线图形的上方输入文字信息，设置字体、字号，效果如图 9-54 所示。

图 9-53   图 9-54

STEP 28 使用文字工具输入日期及期数，设置字体、字号，在相对应的文字下方设置下划线，并在属性栏中设置旋转角度为321.5°，调整至合适位置，效果如图 9-55 所示。

STEP 29 使用矩形工具在杂志背面右下角绘制一个白色矩形，如图 9-56 所示。

图 9-55   图 9-56

STEP 30 执行"文件"|"导入"命令，导入素材文件"二维码.jpg"，调整大小和位置，如图 9-57 所示。

STEP 31 置入素材文件"条形码.png"，在属性栏中设置旋转角度为 90°，调整大小及合适位置，效果如图 9-58 所示。

图 9-57   图 9-58

STEP 32 最终制作完成效果如图 9-59 所示。

图 9-59

9.1 打印选项的设置

通过前面的学习，已经对如何在 CorelDRAW 中对图形图像进行编辑处理的操作有所掌握，而对这些经过调整处理后的图形图像进行打印输出则是完成整个设计的最后一个步骤，客观地说，这是一个相对重要的步骤，相关的打印设置直接决定着打印后图像最直观的视觉效果。下面就系统地对图形图像输出前应进行的相关设置进行介绍。

■ 9.1.1 常规打印选项设置

CorelDRAW X7 中的"打印"命令可用于设置打印的常规内容、颜色和布局等选项，包括打印范围、打印类型、图像状态和出血宽度等。在保证页面中有图像内容的情况下，执行"文件 / 打印"命令，打开"打印"对话框，对常规、颜色以及布局等进行设置。

常规设置是对图形文件最普通的设置，执行"文件 / 打印"命令或按下 CTRL+P 组合键，打开"打印"对话框，此时默认情况下显示为"常规"选项卡下的面板，如图 9-60 所示。

需要注意的是，在"打印"对话框中，单击"打印预览"按钮旁边的扩展按钮，显示出打印预览图像。若需要打印的图形文件为多页图形，可选中"当前页"单选按钮，表示仅打印当前页，也可选中"页"单选按钮，在其后的文本框中输入相应的页面，表示仅打印这些图像。还可对打印份数进行设置。单击"另存为"按钮，打开"设置另存为"对话框，可将图形文件进行保存。

图 9-60

■ 9.1.2　布局设置

在调整页面大小后，还可对页面的版面进行调整，这里的版面是指软件中的布局。可在"打印"对话框中选择"布局"选项，显示出相应的版面，可在"将图像重定位到"下拉列表框中选择相应的选项，可在"版面布局"下拉列表中对版面进行设置，如图 9-61 所示。

图 9-61

■ 9.1.3　颜色设置

在 CorelDRAW X7 中，可将图像按照印刷 4 色创建 CMYK 颜色分离的页面文档。可以指定颜色分离的顺序，以便在打印时保证图像颜色的准确性。其具体操作步骤如下：

STEP 01 执行"文件"|"打开"命令或按 Ctrl+O 组合键，打开素材文件，如图 9-62 所示。

图 9-62

STEP 02 执行"文件"|"打印"命令或按 Ctrl+P 组合键，打开"打印"对话框，单击"打印预览"按钮旁边的扩展按钮，在对话框右侧显示出打印预览图像，如图 9-63 所示。

STEP 03 在"颜色"选项卡中选中"分色打印"单选按钮，此时可看到，右侧的预览图从彩色变为了黑白灰显示效果，如图 9-64 所示。

图 9-63

图 9-64

STEP 04 此时可看到"复合"选项卡转换为"分色"选项卡。单击"分色"标签，切换到该选项卡中，取消勾选部分颜色复选框，对分色进行设置，单击"应用"按钮，应用设置的分色参数，如图 9-65 所示。

操作技能

在对分色进行设置时，可根据不同的印刷要求取消勾选颜色复选框。

图 9-65

9.1.4　打印预览设置

在进行印刷前，需要将图形文件输出到胶片中。在 CorelDRAW 中可以直接对其进行设置，也就是打印预览设置，也就是输出到胶片过程中一个相关参数的设置环节。

打印预览设置的原理是通过对印刷图像镜像效果、是否添加页码等进行进一步的调整,印刷出小样,以方便对图像的印刷效果进行预先设定。

9.2　网络输出

在完成图像的编辑处理后,还可在输出图像前对图像进行适当的优化,并将图像文件输出网络的格式,一并上传到互联网上进行应用。通过对图像的优化设置,可将图像文件发布为网络 HTML 格式或 PDG 格式等。在优化图像的同时,扩展图像的应用范围,可降低内存的使用率,从而提高网络应用速度。

操作技能

在"导出到网页"对话框的左上角有一排窗口预览按钮,其按钮的含义依次为全屏预览、两个水平预览和四个预览,可根据需要调整预览窗口的显示情况。

9.2.1　图像优化

优化图像是将图像文件的大小在不影响画质的基础上进行适当的压缩,从而提高图像在网络上的传输速度,便于快速查看图像或下载文件。可将图像导出为 HTML 网页格式之前对其进行优化,以缩小文件,让网络流畅。

在 CorelDRAW X7 中打开图形文件,如图 9-66 所示,执行"文件"|"导出为"|"Web"命令,打开"导出到网页"对话框,在"预设列表""格式""速度"等下拉列表框中设置相应选项,从而调整图像的格式、颜色优化和传输速度等,如图 9-67 所示。完成后单击"另存为"按钮,在打开的对话框中进行设置。

图 9-66

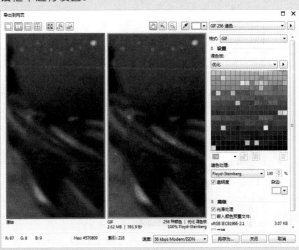

图 9-67

9.2.2　发布至 PDF

在 CorelDRAW X7 中,还能将图形文件发布为 PDF 格式,以便使用 PDF 格式进行演示或在其他图像处理软件中进行使用或编辑。

自己练 PRACTICE YOURSELF

■ 项目练习 宣传册内页的设计与制作

项目背景

此案例是为某企业制作的一本宣传册的内页,用于宣传企业文化、企业内涵,给顾客留下深刻的印象。

项目要求

选择合适的颜色烘托主题、宣传企业文化,强化版面的视觉冲击力,直接引起人们的注意与情感上的反应。内容要具有设计感,强化感知力度,给人留下深刻的印象,在传递信息的同时给予美的享受。

项目分析

在整个设计过程中,内页中的色彩包括蓝色、红色,蓝色成熟稳重,而红色热情、奋发向上;使用工具包括:矩形工具、箭头形状工具;内容则使用文本工具进行输入;图像可执行"文件"|"导入"命令进行置入。

项目效果

图 9-68

课时安排

2 课时

CHAPTER 10
综合案例
——包装的设计与制作

本章概述 OVERVIEW

本章充分利用前面所学知识，制作一套奶茶的包装设计。在设计制作时涉及的主要工具包括：矩形工具、椭圆形工具、2点线工具、钢笔工具、星形工具、文本工具等，主要使用的命令为"PowerClip内部"，制作PowerClip图文框。包装设计色彩以鲜艳、明亮为主，画面采用略带倾斜的交叉构图，使整个包装画面活泼、动感，具有较强的视觉吸引力。

■ 核心知识

包装的概念 ★★☆ 包装的分类 ★★☆

包装的选材 ★★☆ 包装的工艺 ★★★

奶茶包装的设计与制作

轮廓描摹

10.1　创意构思

　　产品包装设计在生产、流通、销售和消费领域中，发挥着极其重要的作用。作为实现商品价值和使用价值的重要营销手段，消费者的喜好和理念的变化对包装设计产生着重要影响。如何让产品在商品同质化现象中脱颖而出，包装是最直接、最有效的广告载体，是品牌与消费者面对面交流的桥梁。

　　本章将要制作的是一套奶茶的包装设计，涉及三个口味、两种规格。在设计制作时，主要依据口味的不同，通过颜色来加以区分。在画面的安排上，色彩以鲜艳、明亮为主，画面采用略带倾斜的交叉构图，使整个包装画面活泼、动感，具有较强的视觉冲击力。图 10-1 所示为该包装设计的效果展示。

图 10-1

10.2 制作外包装的模切板

在制作奶茶外包装之前，需要先制作包装的模切板。

STEP 01 打开 CorelDRAW 软件，执行"文件"|"新建"命令，在打开的"创建新文档"对话框中设置参数，新建文档，如图 10-2、图 10-3 所示。

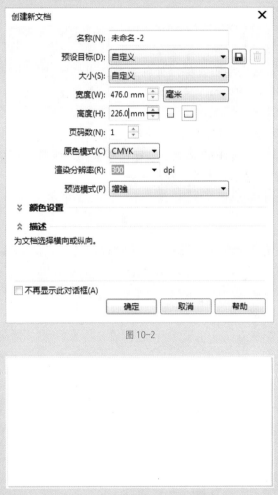

图 10-2

图 10-3

STEP 02 该包装盒的尺寸为 150mm（长）×110mm（高）×80mm（厚度），首先拉出参考线，制定出绘制包装的尺寸参考。执行"视图"|"标尺"命令，打开标尺，效果如图 10-4 所示。

STEP 03 执行"视图"|"辅助线"命令，在距离画面四周 3mm 的位置，拉出参考线，作为出血线的位置，如图 10-5 所示。从标尺栏位置向视图内单击并拖动鼠标，即可拉出参考线。

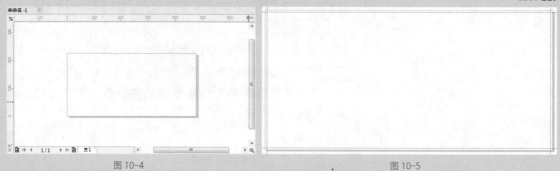

图 10-4   图 10-5

STEP 04 从左侧垂直标尺处向右拖曳出参考线，分别在垂直位置 13mm、93mm、243mm、323mm 处设置参考线，效果如图 10-6 所示。

STEP 05 在距离画面四周 3mm 的位置，拉出参考线，作为出血线的位置，如图 10-7 所示。从标尺栏位置向视图内单击并拖动鼠标，即可拉出参考线。

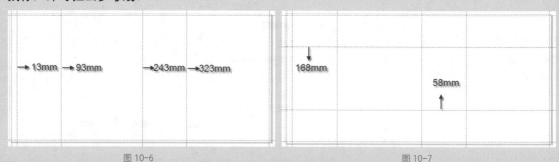

图 10-6   图 10-7

STEP 06 执行"视图"|"贴齐"|"辅助线"命令，如图 10-8 所示。

图 10-8

STEP 07 选择工具箱中的矩形工具 ▢，沿参考线绘制矩形，设置填充色为灰色，去除轮廓线，效果如图 10-9 所示。

图 10-9

STEP 08 沿参考线绘制矩形，设置同样的填充颜色，为方便查看，此处使用黑色轮廓线，效果如图 10-10 所示。

STEP 09 在左侧矩形为选中的状态下，执行"对象"|"转换为曲线"命令，如图 10-11 所示。

图 10-10

图 10-11

STEP 10 选择工具箱中的形状工具，将光标定位至矩形左上角，单击控制点并向下拖动鼠标，效果如图 10-12 所示。

STEP 11 将光标定位至矩形左下角，单击控制点并向上拖动鼠标，效果如图 10-13 所示。

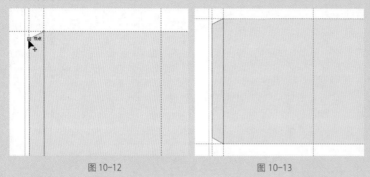

图 10-12   图 10-13

STEP 12 使用矩形工具继续沿参考线创建矩形，并调整矩形的高度，效果如图 10-14 所示。

STEP 13 选择工具箱中的椭圆形工具，按 Shift 键绘制一个正圆，设置填充色为灰色，设置其与上方矩形顶对齐及左对齐，效果如图 10-15 所示。

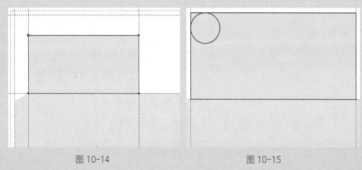

图 10-14   图 10-15

STEP 14 选中正圆，按 Ctrl+C、Ctrl+V 组合键，复制、粘贴并移动至矩形右侧，效果如图 10-16 所示。

STEP 15 选中左侧正圆，在属性栏中将 X 值增加 5mm，效果如图 10-17 所示。

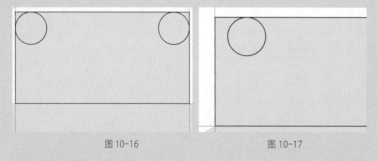

图 10-16   图 10-17

STEP 16 使用同样的方法将右侧正圆的 X 值减少 5mm，效果如图 10-18 所示。

STEP 17 使用选择工具，选中下方矩形，执行"对象"|"转换为曲线"命令，选择形状工具，在左侧正圆与矩形交接处单击鼠标，在属性栏中单击"添加节点"按钮 ⊞，如图 10-19 所示。

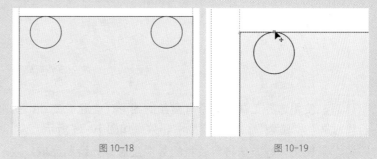

图 10-18　　　　　　　　　　图 10-19

STEP 18 使用形状工具选中左上角控制点并调整位置，效果如图 10-20 所示。

STEP 19 使用同样方法改变矩形右上角的形状，效果如图 10-21 所示。

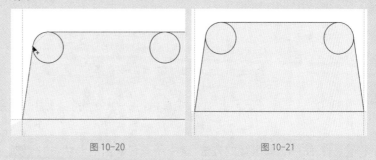

图 10-20　　　　　　　　　　图 10-21

STEP 20 在 53mm 的位置处拉出参考线，使用形状工具在参考线与矩形交接处增加控制点，效果如图 10-22 所示。

图 10-22

STEP 21 使用形状工具调整两个控制点的位置，效果如图 10-23 所示。

图 10-23

STEP 22 使用选择工具选中所有盒盖的图形，去除轮廓线，执行"对象"|"造型"|"合并"命令，效果如图 10-24 所示。

STEP 23 使用同样方法将包装盒的其他盒盖部分绘制完成，效果如图 10-25 所示。

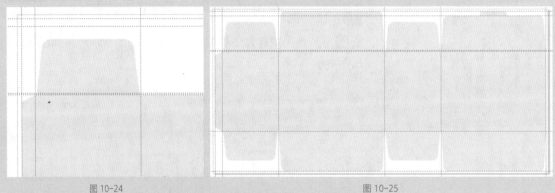

图 10-24   图 10-25

STEP 24 使用选择区域的方法，选中所有包装盒的形状，执行"对象"|"造型"|"合并"命令，效果如图 10-26 所示。

STEP 25 选择工具箱中的贝塞尔工具，参照包装盒右上角的插口形状绘制直线，效果如图 10-27 所示。

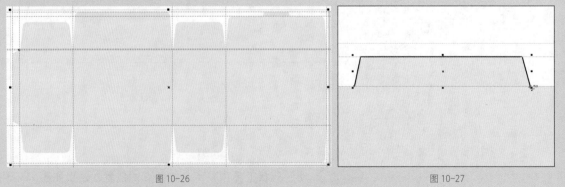

图 10-26   图 10-27

STEP 26 在 198mm 的位置处拉出参考线，效果如图 10-28 所示。

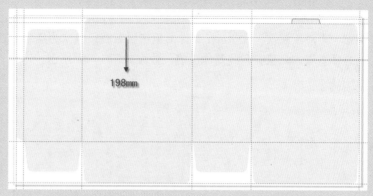

图 10-28

STEP 27 使用选择工具将绘制的折线移动至左侧和盒盖处，在属性面板中设置垂直镜像，效果如图 10-29 所示。

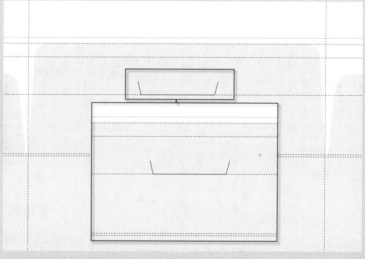

图 10-29

STEP 28 选中盒盖，设置填充色为无，轮廓线为黑色，效果如图 10-30 所示。

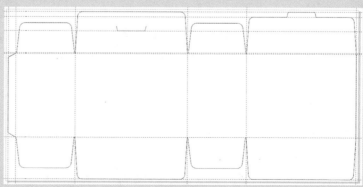

图 10-30

STEP 29 使用矩形工具沿参考线绘制一个矩形，执行"窗口"|"泊坞窗"|"对象属性"命令，在属性面板中设置线条样式为虚线，为方便查看，隐藏参考线制作压痕，效果如图 10-31 所示。

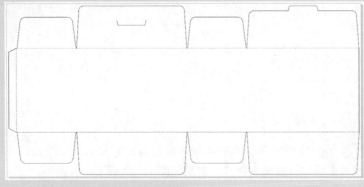

图 10-31

■ 操作技能 ○

　　执行"视图"|"辅助线"命令即可隐藏参考线。

STEP 30 使用 2 点线工具绘制其他 3 处的折线，在"对象属性"面板中设置线条样式为虚线，效果如图 10-32 所示。

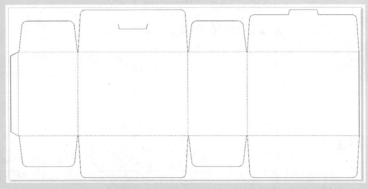

图 10-32

10.3　制作外包装盒展开效果图

　　下面讲解如何制作奶茶外包装盒展开效果图，注意包装宣传的产品要一目了然，包装使用的主要颜色要与产品相互统一，包装上主要包含的商品信息不可缺失。

1. 制作包装盒的正面

STEP 01 执行"窗口"|"泊坞窗"|"对象管理器"命令，在"图层 1"上单击鼠标右键，如图 10-33 所示。

STEP 02 选择"重命名"命令，更改"图层 1"为"刀版图"，如图 10-34 所示。

STEP 03 单击"对象管理器"左下角"新建图层"按钮，如图 10-35 所示。

图 10-33   图 10-34   图 10-35

STEP 04 为其命名为"效果图"，此时所在的图层为"效果图"，图层显示为红色，如图 10-36 所示。

STEP 05 使用鼠标将其拖动至如图 10-37 所示的位置。释放鼠标，确定图层顺序的调整，如图 10-38 所示。

图 10-36   图 10-37   图 10-38

STEP 06 双击工具箱中的矩形工具，绘制和绘图区相同大小的矩形，如图 10-39 所示。

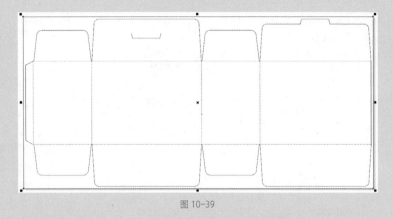

图 10-39

STEP 07 按 Shift+F11 组合键，在打开的"编辑填充"对话框中设置填充颜色为绿色，如图 10-40 所示。

图 10-40

STEP 08 单击"确定"按钮，为矩形填充颜色，在调色板中的"无"色块上单击鼠标右键，去除轮廓线，调整宽度，效果如图 10-41 所示。

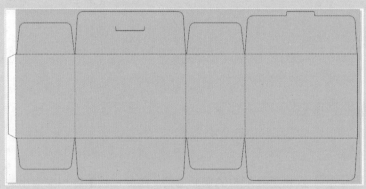

图 10-41

STEP 09 选中包装盒外轮廓，按 Ctrl+C、Ctrl+V 组合键，复制并粘贴，如图 10-42 所示。

STEP 10 在"对象管理器"面板中，单击"刀版图"图层左侧的锁定或解锁按钮 ，锁定该图层，如图 10-43 所示。

STEP 11 选中"对象管理器"面板中的"矩形"，单击鼠标右键选择"PowerClip 内部"命令，如图 10-44 所示。

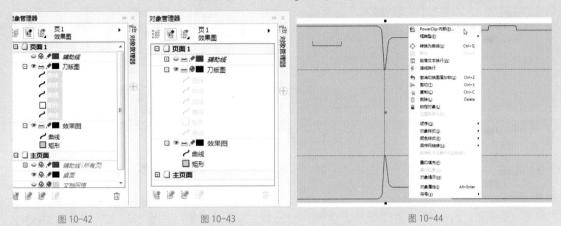

图 10-42　　　　　　图 10-43　　　　　　　　　图 10-44

STEP 12 当光标变为黑色箭头时，将矩形置入复制的曲线内部，效果如图 10-45 所示。

图 10-45

STEP 13 取消轮廓线，执行"文件"|"导入"命令，导入素材文件"纹理 .png"，调整大小与位置，如图 10-46 所示。

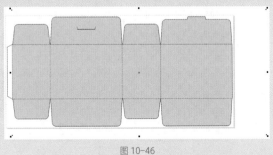

图 10-46

STEP 14 使用同样方法将其置入最下方的"图框精确剪裁曲线"内部，如图 10-47 所示。

STEP 15 按 Ctrl+End 组合键，将其调整至最后一层，效果如图 10-48 所示。

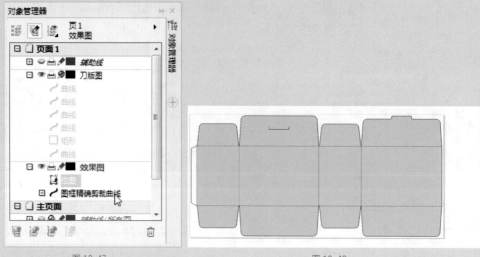

图 10-47　　　　　　　　　　　　图 10-48

STEP 16 使用同样方法将其置入最下方的图框精确剪裁内部，效果如图 10-49 所示。

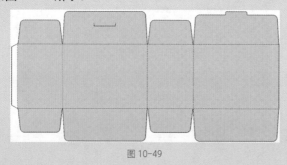

图 10-49

STEP 17 选择工具箱中的矩形工具，在绘图区中间绘制一个矩形，效果如图 10-50 所示。

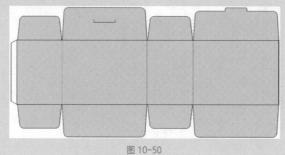

图 10-50

STEP 18 按 F11 键，在打开的"编辑填充"对话框中设置渐变颜色，如图 10-51 所示。

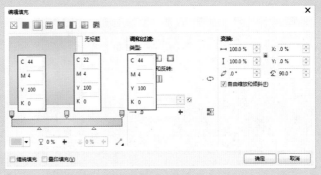

图 10-51

STEP 19 单击"确定"按钮，填充渐变颜色，设置轮廓线为无，并将其置入下方图层内部，效果如图 10-52 所示。

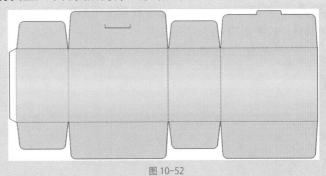

图 10-52

STEP 20 将其置入最下方图层内部，单击鼠标右键，选择"PowerClip 内部"命令，如图 10-53 所示。

图 10-53

STEP 21 使用选择工具选中渐变矩形，按 Ctrl+PageDown 组合键，将其后移一层，效果如图 10-54 所示。

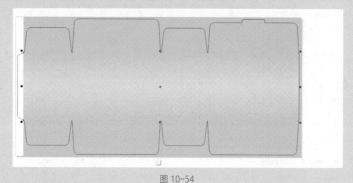

图 10-54

STEP 22 单击"停止编辑内容"按钮，完成 PowerClip 图文框的编辑，效果如图 10-55 所示。

STEP 23 使用矩形工具在绘图区中绘制一个矩形长条，设置颜色为黄色，效果如图 10-56 所示。

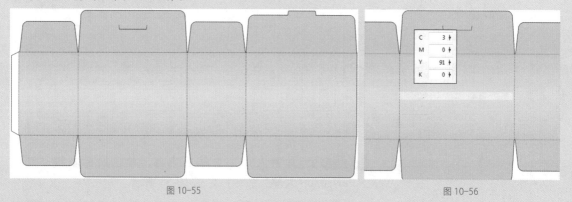

图 10-55

图 10-56

STEP 24 选择工具箱中的透明度工具，在属性栏中单击"编辑透明度"按钮，在打开的"编辑透明度"对话框中设置透明度参数，如图 10-57 所示。

图 10-57

STEP 25 单击"确定"按钮，应用透明度效果如图 10-58 所示。

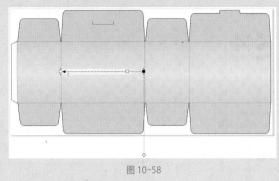

图 10-58

STEP 26 在矩形为选中的状态下，单击矩形，选中右侧控制点并向上拖动鼠标，对矩形进行变形，效果如图 10-59 所示。

STEP 27 执行"文件"|"导入"命令，导入素材文件"牛奶 1.png"，调整大小，效果如图 10-60 所示。

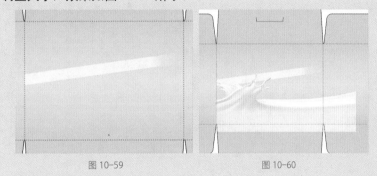

图 10-59　　　　　　　　　　　　图 10-60

STEP 28 使用同样的方法导入素材文件"牛奶 .2png"，调整大小及位置，效果如图 10-61 所示。

STEP 29 使用矩形工具在包装盒正面绘制矩形边框，如图 10-62 所示。

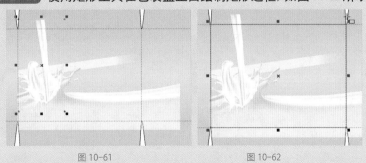

图 10-61　　　　　　　　　　　　图 10-62

STEP 30 在"对象管理器"面板中，按 Shift 键选中导入的两个位图，如图 10-63 所示。

STEP 31 在绘图区单击鼠标右键，选择"PowerClip 内部"命令，将其置入矩形内部，效果如图 10-64 所示。

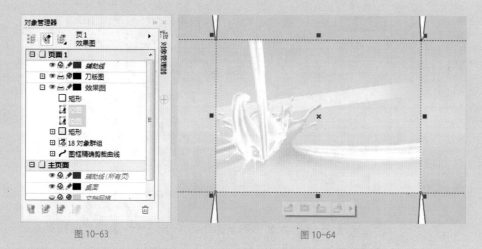

图 10-63   图 10-64

STEP 32 置入素材文件"苹果.png"，调整大小与位置，效果如图 10-65 所示。

STEP 33 选择文字工具输入黄色文本内容，设置字体、字号，效果如图 10-66 所示。

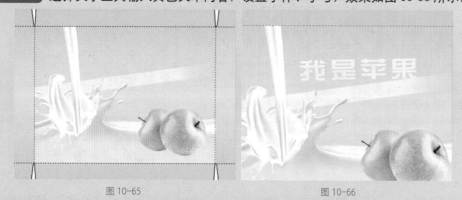

图 10-65   图 10-66

STEP 34 在文本内容为选中的情况下，单击文本内容对其进行变形，效果如图 10-67 所示。

STEP 35 在"对象属性"面板中设置轮廓颜色为褐色，设置轮廓粗细，如图 10-68 所示。

图 10-67

图 10-68

STEP 36 按 Ctrl+C、Ctrl+V 组合键，复制并粘贴文本，设置文本颜色与背景颜色为相同的绿色，如图 10-69 所示。

STEP 37 在"对象属性"面板中设置轮廓颜色为绿色，设置轮廓粗细为 1.68mm，如图 10-70 所示。

图 10-69

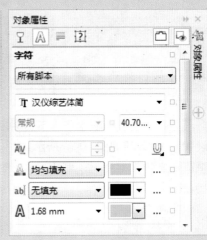

图 10-70

STEP 38 单击"轮廓填充"右侧的"轮廓笔"按钮，在打开的"轮廓笔"对话框中设置轮廓样式，如图 10-71 所示。

STEP 39 单击"确定"按钮，效果如图 10-72 所示。

图 10-71

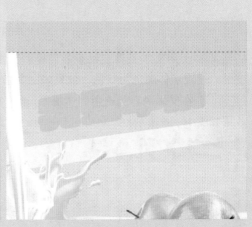

图 10-72

STEP 40 按 Ctrl+PageDown 组合键，将其后移一层，效果如图 10-73 所示。

STEP 41 使用工具箱中的阴影工具，选中下方绿色文本绘制阴影，效果如图 10-74 所示。

图 10-73　　　　　　　　　　　　　图 10-74

STEP 42 在属性面板中将"不透明度"设置为 25，"羽化"值
设置为 0，效果如图 10-75 所示。

STEP 43 使用同样方法制作红色"奶茶"文字效果及阴影，效
果如图 10-76 所示。

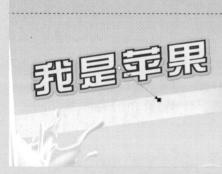

图 10-75　　　　　　　　　　　　　图 10-76

STEP 44 使用文本工具在奶茶右侧输入文本内容，设置字体、
字号，设置字体颜色为红色，效果如图 10-77 所示。

STEP 45 在文本内容为选中的情况下，单击文本对其进行变形，
效果如图 10-78 所示。

图 10-77　　　　　　　　　　　　　图 10-78

STEP 46 执行"文件"|"导入"命令，导入素材文件"Logo. png"，单击鼠标右键，选择"轮廓描摹"|"高质量图像"命令，为方便观看，为其加上灰色底纹，如图 10-79 所示。

图 10-79

STEP 47 界面中出现提示框，单击"缩小位图"按钮，如图 10-80 所示。

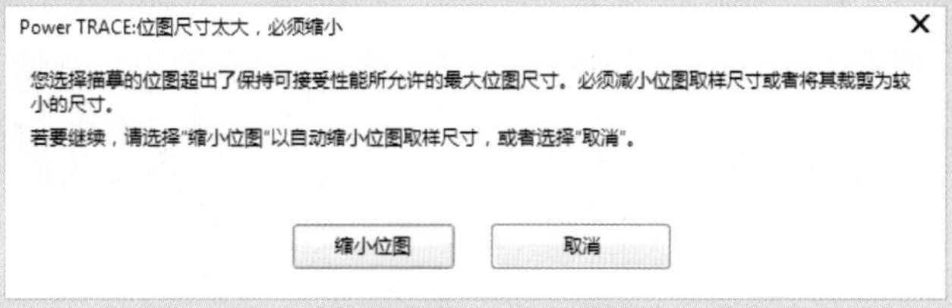

Power TRACE:位图尺寸太大，必须缩小 ✕

您选择描摹的位图超出了保持可接受性能所允许的最大位图尺寸。必须减小位图取样尺寸或者将其裁剪为较小的尺寸。

若要继续，请选择"缩小位图"以自动缩小位图取样尺寸，或者选择"取消"。

缩小位图   取消

图 10-80

STEP 48 在打开的 PowerTRACE 对话框中，等待描摹的完成，如图 10-81 所示。

图 10-81

STEP 49 单击"确定"按钮,完成描摹,效果如图 10-82 所示。

STEP 50 将描摹后的图形移动至合适位置,调整其大小,按 Delete 键将描摹前的图像删除,效果如图 10-83 所示。

STEP 51 选择工具箱中的矩形工具,在空白处绘制一个矩形,设置颜色为黄色,效果如图 10-84 所示。

图 10-82   图 10-83   图 10-84

STEP 52 在属性栏中设置转角为圆角,转角大小为 0.2mm,效果如图 10-85 所示。

STEP 53 按 Ctrl+C、Ctrl+V 组合键,复制并粘贴圆角矩形,在属性栏中设置旋转角度为 90º,并调整至合适位置,效果如图 10-86 所示。

图 10-85   图 10-86

STEP 54 在右侧圆角矩形为选中的状态下,单击鼠标对其进行变形,效果如图 10-87 所示。

STEP 55 按 Ctrl+C、Ctrl+V 组合键,复制并粘贴 2 个圆角矩形,调整位置,效果如图 10-88 所示。

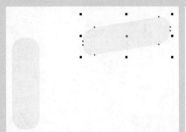

图 10-87   图 10-88

STEP 56 使用 2 点线工具，在竖排圆角矩形与横排圆角矩形之间绘制直线，效果如图 10-89 所示。

STEP 57 设置颜色为黄色，并在属性栏中设置轮廓宽度，效果如图 10-90 所示。

图 10-89   图 10-90

STEP 58 按 Ctrl+C、Ctrl+V 组合键，复制并粘贴 2 个箭头形状，调整位置，效果如图 10-91 所示。

STEP 59 选中所有图形，按 Ctrl+G 组合键将其编组，效果如图 10-92 所示。

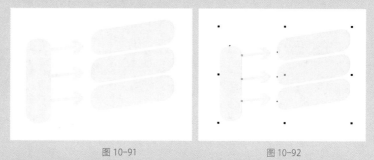

图 10-91   图 10-92

STEP 60 选择工具箱中的阴影工具，选中组，并绘制阴影，在属性面板中将"不透明度"设置为 25，"羽化"值设置为 0，效果如图 10-93 所示。

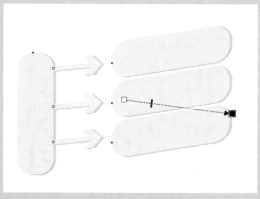

图 10-93

STEP 61　使用选择工具将其移动至合适位置并调整大小，效果如图 10-94 所示。

图 10-94

STEP 62　使用文本工具绘制文本内容，设置字体、字号，设置颜色为绿色，效果如图 10-95 所示。

STEP 63　在文本属性栏中单击"竖排文本"按钮▥，调整位置，效果如图 10-96 所示。

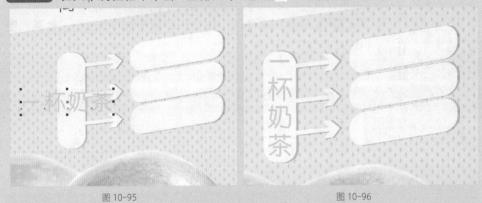

图 10-95　　　　　　　　　　　　　　　　图 10-96

STEP 64　使用文本工具输入文本内容，设置字体、字号、字体颜色，调整至合适位置，效果如图 10-97 所示。

STEP 65　选择工具箱中的星形工具制作标签，在属性栏中设置"点数或边数"为34，"星形和复杂星形的锐度"为 12，效果如图 10-98 所示。

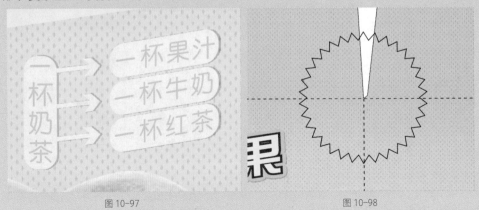

图 10-97　　　　　　　　　　　　　　　　图 10-98

STEP 66 按 Shift+F11 组合键，在打开的"编辑填充"对话框中设置填充颜色为黄色，效果如图 10-99 所示。

STEP 67 按 Ctrl+C、Ctrl+V 组合键，复制并粘贴星形，改变颜色，并在属性栏中设置"星形和复杂星形的锐度"为5，效果如图 10-100 所示。

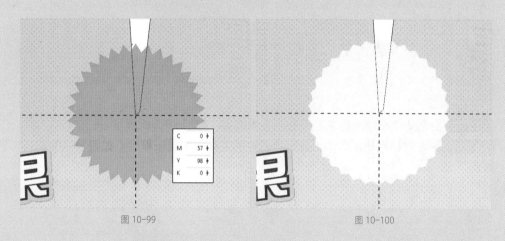

图 10-99　　　　　　　　　　　　　　　图 10-100

STEP 68 按 Ctrl+PageDown 组合键，调整图层先后顺序，如图 10-101 所示。

STEP 69 使用文本工具输入文本内容，设置字体、字号、字体颜色，旋转角度，效果如图 10-102 所示。

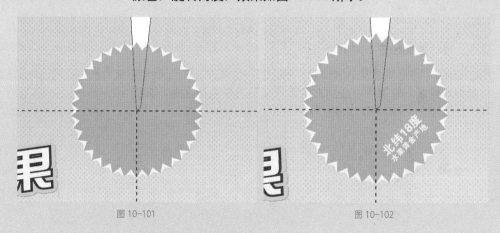

图 10-101　　　　　　　　　　　　　　　图 10-102

STEP 70 选中文本内容，复制并粘贴，旋转角度并移动至合适位置，效果如图 10-103 所示。

STEP 71 选中所有标签图形及文字，按 Ctrl+G 组合键将其编组，效果如图 10-104 所示。

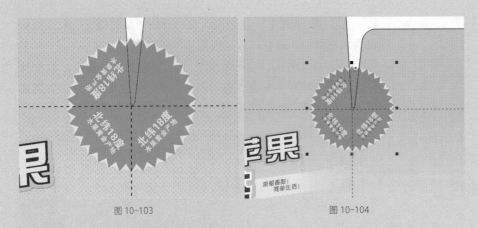

图 10-103   图 10-104

STEP 72 复制 2 个相同的标签并调整至合适位置，如图 10-105 所示。

STEP 73 在右侧标签处，选中工具箱中的矩形工具绘制矩形框架，如图 10-106 所示。

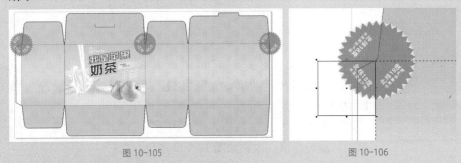

图 10-105   图 10-106

STEP 74 按 Shift 键选中矩形与下方标签，执行"对象"|"造型"|"移除前面对象"命令，移除效果如图 10-107 所示。

STEP 75 按 Shift 键选中 3 个标签，单击鼠标右键，选择"PowerClip 内部"命令，将其置入包装外轮廓中，使用文字工具在下方输入净含量，如图 10-108 所示。

图 10-107   图 10-108

STEP 76 使用选择工具绘制选择区域，选中已制作的包装盒正面图形，效果如图 10-109 所示。

STEP 77 按 Ctrl+G 组合键，将其编组，复制移动至包装盒的右侧，效果如图 10-110 所示。

图 10-109

图 10-110

2. 制作包装盒的侧面

STEP 01 制作营养成分表格，选择工具箱中的矩形工具，在属性栏中设置轮廓颜色为黄色，轮廓粗细为 0.5mm，转角为圆角，转角大小为 3.5mm，效果如图 10-111 所示。

STEP 02 复制绘制的圆角矩形，改变填充色为黄色，轮廓线为无，效果如图 10-112 所示。

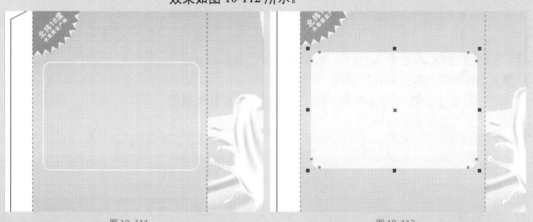

图 10-111

图 10-112

STEP 03 选择矩形工具在圆角矩形上方绘制矩形框架，如图 10-113 所示。

STEP 04 按 Shift 键加选矩形与圆角矩形，执行"对象"|"造型"|"移除前面对象"命令，移除效果如图 10-114 所示。

STEP 05 使用 2 点线工具在内部绘制一条直线，设置颜色为黄色，轮廓粗细为 0.35mm，效果如图 10-115 所示。

STEP 06 选中绘制的图形并将其编组，使用文本工具输入营养成分内容，设置字体、字号及行间距，如图 10-116 所示。

操作技能

使用文本工具绘制文本框架，在"文本属性"面板中设置段落行间距，既方便又快捷。

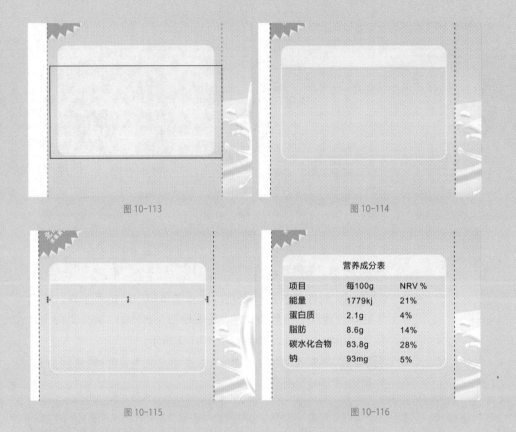

图 10-113

图 10-114

营养成分表

项目	每100g	NRV %
能量	1779kj	21%
蛋白质	2.1g	4%
脂肪	8.6g	14%
碳水化合物	83.8g	28%
钠	93mg	5%

图 10-115

图 10-116

STEP 07 执行"文件"|"导入"命令，导入素材文件"条形码 .png"，
调整大小及位置，如图 10-117 所示。

STEP 08 选择工具箱中的透明度工具，在属性栏中设置透明度
样式为"乘"，如图 10-118 所示。

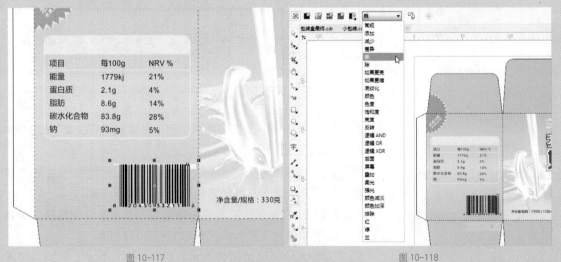

图 10-117

图 10-118

STEP 09 使用同样的方法导入"可循环利用标志.jpg""生产许可标志.png"文件，设置不透明度样式为"乘"，调整大小与位置，如图10-119所示。

STEP 10 使用同样的方法在包装盒另一侧导入"绿色食品.jpg"文件，设置不透明度样式为"乘"，调整大小与位置，如图10-120所示。

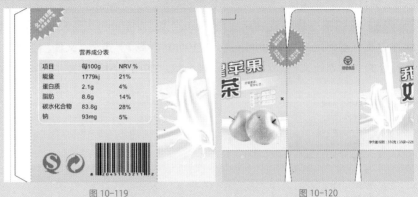

图 10-119　　　　　　　　　　　　　　图 10-120

STEP 11 使用文本工具绘制文本框架，输入产品信息及厂家信息，设置字体、字号及行间距，如图10-121所示。

图 10-121

STEP 12 最终制作完成效果如图10-122所示。

图 10-122

10.4 制作小袋包装展开效果图

下面讲解如何制作奶茶小袋包装展开效果图，小包装比外包装的传递信息内容要少一些，并且要与外包装相互呼应，设计风格要统一。

STEP 01 该奶茶小袋包装的尺寸为7mm（宽）×10mm（高），在CorelDRAW软件中要创建的尺寸为146mm（宽）×106mm（高），执行"文件"|"新建"命令，在打开的"创建新文档"对话框中设置参数，如图10-123、图10-124所示。

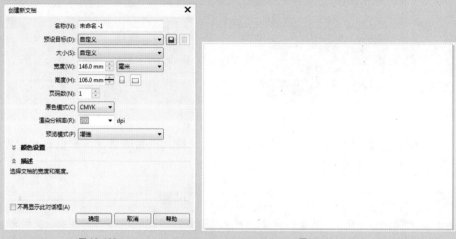

图 10-123   图 10-124

STEP 02 打开标尺，在视图的四周离边缘3毫米的位置拉出参考线，作为出血线位置，在视图的中间拉出垂直参考线，如图10-125所示。

STEP 03 双击矩形工具，绘制与绘图区相同大小的矩形并填充为绿色，如图10-126所示。

图 10-125   图 10-126

STEP 04 用与制作奶茶包装盒相同的方法制作渐变矩形图层，去除轮廓线，将其置入绿色矩形内部，如图10-127、图10-128所示。

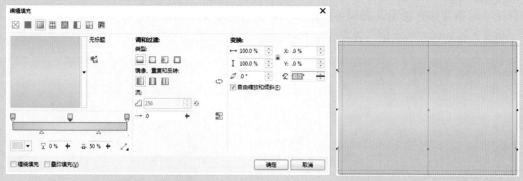

图 10-127　　　　　　　　　　　　图 10-128

STEP 05　执行"文件"|"导入"命令，导入素材文件"纹理.png"，调整至合适大小与位置，如图 10-129 所示。

STEP 06　将其移动至最后一层，单击鼠标右键，执行"PowerClip 内部"命令，将其置入绿色矩形中，效果如图 10-130 所示。

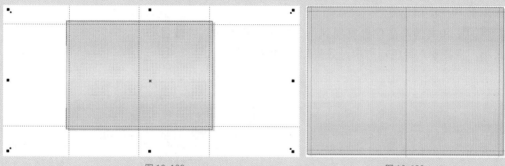

图 10-129　　　　　　　　　　　　图 10-130

STEP 07　使用矩形工具沿参考线内侧绘制矩形框架，如图 10-131 所示。

STEP 08　在奶茶外包装效果图的文件中，选中黄色矩形及牛奶图文框，按 Ctrl+C 组合键进行复制，选择"奶茶小包装展开效果图"文件，按 Ctrl+V 组合键进行粘贴，效果如图 10-132 所示。

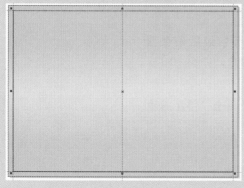

图 10-131　　　　　　　　　　　　图 10-132

STEP 09 调整位置与大小，效果如图 10-133 所示。使用矩形工具沿中间参考线在绘图区右侧绘制矩形，将灰色矩形及牛奶图文框置入绘制矩形的内部，效果如图 10-134 所示。

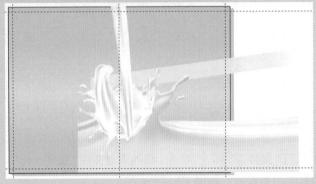

图 10-133

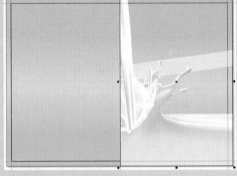

图 10-134

STEP 10 去除图文框轮廓线，并调整图层之间的先后顺序，效果如图 10-135 所示。

STEP 11 将其他产品信息复制到小袋包装文档中，调整位置和大小，将其置入绿色矩形中，效果如图 10-136 所示。

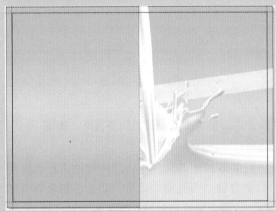

图 10-135

图 10-136

STEP 12 单击"包装盒展开效果图"文件，选中最后一个图层，单击鼠标右键，执行"编辑 PowerClip"命令，如图 10-137 所示。

STEP 13 选中标签组，按 Ctrl+C 组合键复制，单击"停止编辑内容"按钮，效果如图 10-138 所示。

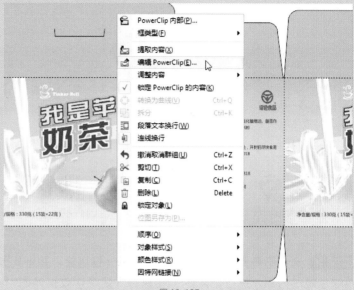

图 10-137

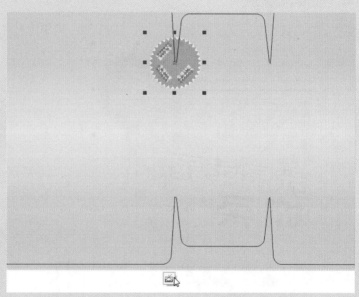

图 10-138

STEP 14 选择"小包装袋展开效果图"文件，按 Ctrl+V 组合键粘贴，调整位置及大小，效果如图 10-139 所示。

STEP 15 单击鼠标右键，选择"取消组合对象"命令，如图 10-140 所示。

图 10-139

图 10-140

STEP 16 选中不需要的文字内容，按 Delete 键删除，并将其置入绿色矩形内部，执行"文件"|"保存"命令，效果如图 10-141、图 10-142 所示。

制作香橙、葡萄口味的奶茶包装效果，要是改变包装颜色，不同的颜色搭配不同的口味。

图 10-141

图 10-142

参考文献

[1] CAD/CAM/CAE 技术联盟 .AutoCAD2014 室内装潢设计自学视频教程 [M]. 北京：清华大学出版社，2014.

[2] CAD 辅助设计教育研究室 . 中文版 AutoCAD 2014 建筑设计实战从入门到精通 [M]. 北京：人民邮电出版社，2015.

[3] 姜洪侠，张楠楠 .PhotoshopCC 图形图像处理标准教程 [M]. 北京：人民邮电出版社，2016.